Baustatik leicht gemacht!

Univ.-Ass. Dipl.-Ing. Jakob Stanford

© Copyright 2018 Jakob Stanford

Erstauflage

Verlag: On-Demand Publishing LLC, Scotts Valley, CA, USA

ISBN Paperback: 978-1-7267-0584-4

Das Werk, einschließlich seiner Teile, ist urheberrechtlich geschützt. Jede Verwertung ist ohne Zustimmung des Verlages und des Autors unzulässig. Dies gilt insbesondere für die elektronische oder sonstige Vervielfältigung, Übersetzung, Verbreitung und öffentliche Zugänglichmachung.

Vorwort

Bauingenieure leisten mit ihrer Arbeit einen wesentlichen Beitrag zum Schutze einer Gesellschaft, denn es liegt in ihren Händen Bauwerke mit ausreichender Sicherheit zu planen und instand zu halten. Ein kritischer Faktor dabei ist, dass die zugrunde liegenden Berechnungen korrekt sind. Deshalb ist es von fundamentaler Bedeutung, dass heranwachsende Ingenieure in der Lage sind verlässlich Berechnungen richtig durchzuführen.

Die gute Nachricht ist, dass Baustatik keine Frage des Talentes oder einer natürlichen Begabung ist. Mit dem richtigen Know-How und der richtigen Einstellung kann jede/r dieses Gebiet meistern. Im Idealfall wird das Wissen innerhalb von Vorlesungen vermittelt und in den komplementären Übungen angewandt. Falls dieser Idealfall aus irgendeinem Grund nicht gegeben ist, können Bücher weiterhelfen.

Es gibt eine Unzahl deutschsprachiger Lehrbücher, welche die theoretischen Aspekte der Baustatik hervorragend erklären. Warum also ein weiteres Baustatik-Buch? Nun, im Gegensatz zu den erwähnten Werken konzentriert sich dieses auf die rein praktischen Aspekte mit denen Studierende beim Lösen statischer Systeme tatsächlich konfrontiert sind. Es ist somit als Unterstützung zu den in vielen Baustatik-Übungen behandelten Inhalten zu verstehen; also mehr ein *Übungs*buch statt *Lehr*buch. In den folgenden Kapiteln sind meine Erfahrungen als Lehrender – und viel mehr als *Lernender* – verpackt.

Für viele Studierende ist Baustatik eine scheinbar unüberwindbare Hürde. Andere wiederum können nicht verstehen was daran so schwer sein soll. Der Unterschied ist, dass letztere Gruppe automatisch viele Techniken anwendet, die viele Studierende erst nach geraumer Zeit entdecken. Da sich heutzutage kaum jemand die Zeit nehmen kann, all diese Tricks selbst herauszufinden (was meiner Meinung auch nicht zielführend ist) habe ich in diesem Buch all diese Kniffe, die das baustatische Leben erleichtern, zusammengefasst.

Viele grundlegende und praktische Themen, die in Kursen wie „Baustatik" behandelt werden, fehlen in diesem Buch (etwa Fachwerke oder Einflusslinien), da sie einerseits nicht auf jeder Universität gelehrt werden und andererseits für die vorgestellte Methode schlichtweg nicht relevant sind. Zu Übungszwecken ist es meiner Meinung nach besser sich auf die Kern-Thematik zu konzentrieren –

nämlich Auflagerreaktionen und Schnittgrößenverläufe statisch bestimmter Systeme schnell und richtig zu berechnen. Erst wenn man das beherrscht, ist es sinnvoll möglich sich auf weitere Themen zu stürzen. Bildlich gesprochen wird in diesem Buch ein Krabbel-Kurs der Baustatik geboten; mit Tipps für effiziente Krabbel-Technik und großem Übungsgelände.

Die Meinung jedes einzelnen Lesers und jeder einzelnen Leserin dieses Buchs ist mir sehr wichtig. Wenn du dieses Buch hilfreich findest, ist es essenziell eine Bewertung auf Amazon zu schreiben. Deine aussagekräftige Rezension erlaubt mir nicht nur in Zukunft bessere Bücher zu erstellen; du hilfst damit auch anderen Studierenden, die in der gleichen Lage wie du waren.

Univ.-Assistent Dipl.-Ing. Jakob Stanford
Technische Universität Graz
Österreich, Oktober 2018

Inhaltsverzeichnis

1	**Einleitung**	**1**
2	**Theorie**	**3**
2.1	Kräfte und Momente	3
2.2	Kräfte-Gleichgewicht	4
2.3	Der Stab und sein Koordinatensystem	4
2.4	Auflager und Gelenke	5
2.5	Schnittkräfte und Schnittkraftverläufe	6
2.6	Schnittprinzip und Schnittufer	7
2.7	Differentialgleichung der Biegelinie	8
2.8	Statische Bestimmtheit	9
3	**Effizientes Lösen**	**11**
3.1	Standardfälle	11
3.2	Die richtige Strategie und Technik	11
3.3	Auflagerkräfte	13
3.4	Strategie zur Schnittkraftermittlung	16
3.5	Erklärungs-Beispiele	19
4	**Trainingstipps**	**31**
4.1	Der richtige Arbeitsplatz	31
4.2	Schönschreiben	32
4.3	Finde dein Arbeitsmaterial	32
4.4	Übung macht den Meister	33
4.5	Konzentration ist Trumpf	33
4.6	Kontrollmöglichkeiten nutzen	33
4.7	Eigene Konventionen finden und einhalten	34
4.8	Unterscheidung Lernmodi	35
4.9	Plan B: Oder das Finden von Fehlern	35
4.10	Erfolge und Fortschritte feiern	36
5	**Übungsbeispiele**	**37**
6	**Lösungen zu den Übungsbeispielen**	**55**

Kapitel 1

Einleitung

Es freut mich, dass du dich entschlossen hast, dieses Buch zu verwenden. Es gibt dir die einzigartige Chance, dich zu den besten Baustatik-Studenten zu katapultieren. Das einzige, was du dafür tun musst, ist dieses Buch durchzuarbeiten.

In Kap. 2 beginnen wir mit etwas Theorie, auf die wir in den späteren Kapiteln aufbauen werden. Dieses Kapitel ersetzt allerdings keinen Vorlesungs-Besuch und soll auch keines der bereits existierenden exzellenten Lehrbücher ersetzen. Wenn du ein gutes Baustatik-Buch suchst, frag deine/n Professor/in[1].

In Kap. 3 kommen wir endlich zu Sache. Dort werden die Tipps & Tricks erklärt über die kaum jemand spricht, weil sie oft unbewusst angewandt werden. Mit diesen wenigen und einfachen Techniken kommst du schneller zu Ergebnissen und bist damit in Prüfungen ganz vorne dabei. Außerdem schaffst du mit diesem Fundament das nötige Selbstvertrauen mit dem du alle weiteren Fächer in deinem Studium von einer ganz anderen Perspektive angehen kannst.

Kap. 4 gibt dir Tipps die dir helfen dich effektiv auf Prüfungen vorzubereiten und in Prüfungs-Situationen kühlen Kopf zu bewahren. Das tolle ist, dass sich diese Tipps auf dein gesamtes Studium anwenden lassen und auch für schwierige Prüfungen mit enormem Leistungsdruck (denk an eine Prüfung, wo du unter den besten 5% sein musst um dein Ziel zu erreichen) geeignet sind.

---

[1] Auch wenn du kein Buch suchst, dein/e Professor/in freut sich über deine Frage und du hinterlässt einen guten Eindruck...

Weil man in Baustatik durch Üben zum Meister wird, sind in Kap. 5 genügend Übungsbeispiele vorbereitet. Die Lösungen dazu befinden sich in Kap. 6. Ich empfehle diese Beispiel zu nutzen um aktiv die die in Kap. 3 vorgeschlagenen Techniken zu üben. Du wirst sehen, dass die Beispiele damit viel schneller gelöst werden.

Abschließend noch eine Bitte: Wenn dir dieses Buch weitergeholfen hat, lass es deine Kollegen und Kolleginnen wissen und schreib eine Bewertung auf Amazon, damit auch andere Studierende darauf aufmerksam werden.

Kapitel 2

Theorie

Das vorliegende Werk soll und kann kein Lehrbuch ersetzen. Darum soll hier soweit wie möglich auf theoretische Grundlagen verzichtet werden. Der Zweck dieses Kapitels ist es alleine die notwendigen und verwendeten Definitionen vorzustellen.

2.1 Kräfte und Momente

Was ist eine Kraft? In der Mechanik sind das Einwirkungen, die – sofern nicht behindert – einen Körper beschleunigen.

Sie können verschiedenster Natur sein. Die häufigste Art von Kräften in der Baustatik sind jene, die durch das Eigengewicht von Bauteilen oder von Nutzlasten, wie zum Beispiel Menschenansammlungen, entstehen. Man trifft aber auch dynamische Lasten an, wie etwa Belastung durch Wind oder Anprall von Fahrzeugen. Kräfte können aber unter anderem auch durch Elektromagnetismus oder durch chemische Prozesse hervorgerufen werden. Diese spielen in der Baustatik aber praktisch keine Rolle.

Und was ist nun ein Moment? Ein Moment ist nicht anderes eine Kraft, welche – sofern nicht behindert – einen Körper rotiert. Im Fall ebener Stabwerke genügt es Momente als Produkt von Kraft mit dem *Hebelsarm* zu definieren. Das ist der kürzeste Abstand von dessen Wirkungslinie zu einem Bezugspunkt. Die Größe eines Momentes hängt also direkt vom gewählten Bezugspunkt ab.

Des Weiteren gibt es noch Momente, die aus Kräfte-Paaren entstehen. Das sind parallele, betragsmäßig gleiche, aber in entgegengesetzte

Richtung wirkende Paare von Kräften.

In diesem Zusammenhang ist noch wichtig, dass das Moment einen Drehsinn besitzt, also im oder gegen den Uhrzeigersinn dreht, und das Vorzeichen des Moments von der gewählten Definition eines positiven Drehsinnes abhängt.

2.2 Kräfte-Gleichgewicht

Die wichtigste Annahme in der Statik basiert auf dem 2. Newton'schen Axiom. Dieses besagt, dass die insgesamt auf einen Körper einwirkende Kraft diesen beschleunigt:

$$Kraft = Masse \cdot Beschleunigung$$

Da wir in der Statik fordern, dass alle Körper in Ruhe bleiben – also nicht beschleunigt werden – folgt, dass die Summe der auf einen Körper einwirkenden Kräfte gleich Null sein muss. Das bringt uns zu den beiden, zusammen mit Gleichung 2.2 die Theorie in diesem Buch vollkommen abdeckenden Gleichungen:

$$\sum \vec{F} = \vec{0} \qquad \sum M = 0 \qquad (2.1)$$

Beachte, dass die linke Gleichung in 2D eigentlich zwei Gleichungen beinhaltet, da es sich bei der Kraft um eine gerichtete Größe handelt, die als Vektor dargestellt wird. Mit „gerichtete Größe" meinen wir eine physikalische Größe, die neben einem Betrag auch eine Richtung besitzt. Die Zahlen-Einträge im Vektor hängen vom gewählten Koordinatensystem ab, repräsentieren aber immer die gleiche Kraft mit gleicher Wirkungsrichtung und gleichem Betrag, siehe Abb. 2.1.

2.3 Der Stab und sein Koordinatensystem

Als Stab oder Balken bezeichnen wir ein Bauteil, welches wesentlich länger ist als es breit und hoch ist. In diesem Buch gehen wir außerdem davon aus, dass der Stab-Querschnitt sowie Materialeigenschaften des Stabs sich über die Stablänge nicht ändern.

Bevor wir ein Stab-Koordinatensystem einführen können, müssen wir noch das Konzept der *Kennfaser* besprechen. Das ist die dünne, gestrichelte Linie, die den Stab begleitet. Diese Kennfaser hilft uns die Orientierung des lokalen Stab-Koordinatensystems zu definieren, das wie folgt definiert ist:

2.4. AUFLAGER UND GELENKE

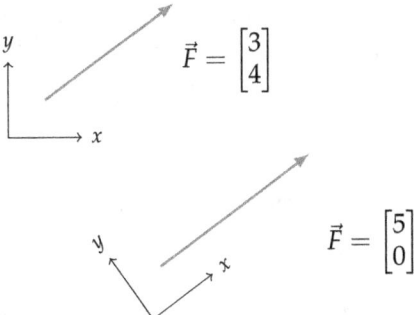

Abbildung 2.1: Der gleiche Kraftvektor in unterschiedlichen Koordinatensystemen

- Die x-Richtung läuft in Richtung des Stabes.
- Die Kennfaser verläuft rechts neben der *positiven* x-Richtung.
- Die z-Achse steht normal auf die x-Achse und zeigt auf die Seite der Kennfaser.
- Die positive y-Richtung steht normal auf die x- und z-Achsen, sodass das Koordinatensystem ein positiv orientiertes Dreibein bildet.

Bei horizontal verlaufenden Stäben läuft die Kennfaser in der Regel unterhalb. In diesem Fall zeigt die x-Achse nach rechts, y aus der Bildebene heraus und die z-Achse intuitiver-weise nach unten.

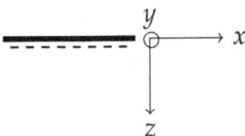

Abbildung 2.2: Das lokale Stab-Koordinatensystem

2.4 Auflager und Gelenke

Stäbe sind mit anderen Stäben über Gelenke oder Knoten verbunden. Der häufigste Typ ist das Dreh-Gelenk, das es den angeschlossenen Stäben erlaubt, sich gegeneinander zu verdrehen. Dadurch verhindern sie die Übertragung von Momenten.

Analog dazu gibt es auch noch Normal- und Querkraft-Gelenke, welche die Verschiebung normal oder quer zur Stabrichtung erlauben und damit die Übertragung von Normal- beziehungsweise Querkräften unterbinden, wie in Abb. 2.3 dargestellt.

Momentengelenk   Querkraftgelenk   Normalkraftgelenk

Abbildung 2.3: Verschiedene Arten von Gelenken mit möglicher Bewegungsart

Sind Stäbe mit dem Boden oder mit nicht modellierten Bauwerksteilen verbunden, so werden dort Auflager anstelle von Gelenken platziert.

Auflager selbst werden als unverschieblich angenommen. Auf den Auflagern können allerdings gedanklich Gelenke montiert sein, wodurch sich dann die angeschlossenen Stab-Enden verdrehen oder verschieben können. Eine Auflistung der in diesem Buch verwendeten Auflager ist in Abb. 2.4 zu finden.

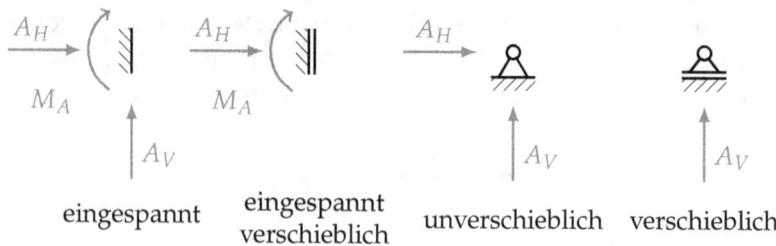

eingespannt   eingespannt verschieblich   unverschieblich   verschieblich

Abbildung 2.4: Verschiedene Arten von Auflagern und mögliche Auflagerreaktionen

2.5 Schnittkräfte und Schnittkraftverläufe

Schneidet man an einem Stab frei und summiert die inneren Spannungen auf, gelangt man zu den Schnittkräften. Aus σ_{xz} wird die Querkraft Q gebildet. Die Normalspannung σ_{xx}, welche in einem Stab idealisierter weise in z-Richtung linear verläuft, wird in zwei Teile aufgespalten:

2.6. SCHNITTPRINZIP UND SCHNITTUFER

- Einen, der eine Längsänderung verursacht: Die Normalkraft N.

- Einen, der eine Biegung bewirkt: Das Moment M.

Die Vorzeichen kann man sich leicht merken: Wirken die Schnittkräfte entlang der positiven Richtung des lokalen Stab-Koordinatensystems, so haben die Kräfte ein positives Vorzeichen.

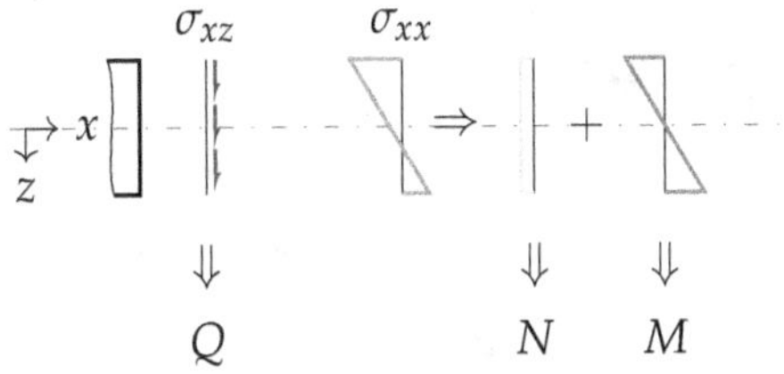

Abbildung 2.5: Aufsummierung der Querschnittspannungen zu Schnittkräften

Schneidet man nun an jedem Punkt in einem Stab frei und berechnet dort die Schnittkräfte, kann man diese in Diagrammen, den *Schnittkraft-Verläufen*, darstellen. Diese Verläufe sind ein wesentliches Ergebnis der statischen Berechnung, da diese die Grundlage für darauf aufbauende Bauteil-Bemessungen bilden.

2.6 Schnittprinzip und Schnittufer

Oft werden Kräfte in Innere und Äußere Kräfte unterteilt. Diese Unterscheidung ruht auf dem Prinzip des Freischneidens, welches in einem Körper wirkende Kräfte „sichtbar", also der Berechnung zugänglich macht. Diese sind dann die Inneren Kräfte. Im Kontrast dazu sind Äußere Kräfte, jene Kräfte die von außen auf den Körper einwirken. Die Schnittführung kann komplett beliebig gewählt werden. Es können beliebig viele (Frei)-Schnitte je Körper definiert werden.

Oft wird auch das Konzept eines *Schnittufers* eingeführt. Das sind jene Punkte in denen die Schnittlinie einen Stab kreuzt. Von einem *positiven Schnittufer* spricht man, wenn die positive x-Richtung aus dem Schnitt heraus zeigt. Dann wirken positive Schnittgrößen entlang der positiven Koordinatenrichtungen[1]. Analog dazu wirken die

---
[1] Das Moment dreht sich rechts um die positive y-Achse.

Schnittkräfte an einem *negativen Schnittufer* in die entgegengesetzten Richtungen, wie in Abb. 2.6 dargestellt. Legt man ein Schnittufer durch ein Biegegelenk, so ist dort das Biegemoment gleich Null und wird daher oft nicht eingezeichnet.

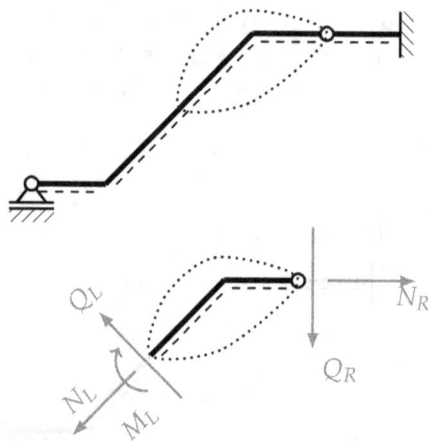

Abbildung 2.6: Einfaches System mit Freischnitt (oben) und freigelegten Kräften (unten)

2.7 Differentialgleichung der Biegelinie

Die Differentialgleichung (DGL) der Biegelinie, genauer gesagt des Bernoulli-Balkens, lautet:

$$E\,I_y\,w''''(x) = -q(x) \tag{2.2}$$

Dabei stehen E für den Elastizitäts-Modul, I_y für das Trägheitsmoment, $w(x)$ für die Durchbiegung und $q(x)$ für die Belastung entlang des Balkens. Wir interessieren uns für diese DGL weil sie uns den Zusammenhang zwischen Belastung, Querkraft- und Momentenverlauf gibt. Integriert man die DGL auf erhält man:

$$E\,I_y\,w'''(x) = -Q(x) + c_Q$$
$$E\,I_y\,w''(x) = -M(x) + c_Q\,x + c_M$$

Daraus erkennt man:

- Die Belastung $q(x)$ muss die Ableitung der Querkraft $Q(x)$ sein.

2.8. STATISCHE BESTIMMTHEIT

- Die Querkraft muss die Ableitung des Momentenverlaufs $M(x)$ sein.

Diese beiden Zusammenhänge macht man sich in der Bestimmung der Schnittkraftverläufe zunutze, wo der qualitative Verlauf aufgrund der Belastung in einem Abschnitt bestimmt wird.

2.8 Statische Bestimmtheit

Stabsysteme, die alleine mit mehrmaligen aufstellen der Gleichgewichtsbedingungen berechnet werden können, nennt man *statisch Bestimmt*, da dort genau gleich viele Gleichungen aufgestellt werden können wie unbekannte Kräfte vorhanden sind. Somit kann allein durch Aufstellen der Gleichgewichtsbedingungen jede Auflagerreaktion und jede Schnittgröße im gesamten System berechnet werden. Im Wesentlichen gibt es nur drei Grundtypen statisch bestimm-

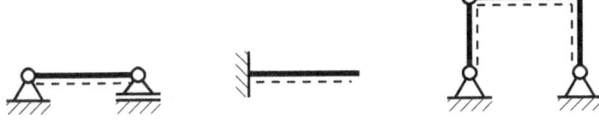

Abbildung 2.7: Einfache, statisch bestimmte Systeme. Man beachte, dass der Dreigelenksbogen eigentlich bereits ein aus Bögen zusammengesetztes System ist.

ter Systeme. Diese sind in Abb. 2.7 gezeigt. Komplexere statisch bestimmte Systeme sind aus diesen Grundtypen zusammengesetzt.

Ist ein System nicht statisch bestimmt, kann es *statisch unbestimmt* oder *kinematisch verschieblich* sein.

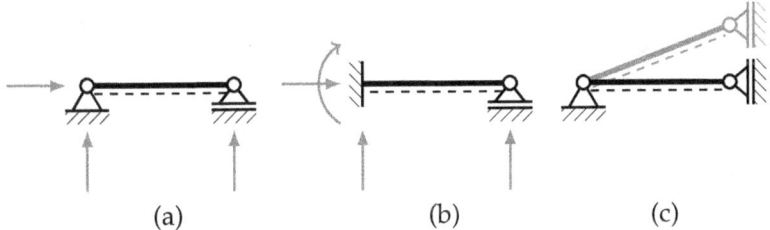

Abbildung 2.8: Statisch bestimmtes (a), statisch unbestimmtes (b) und kinematisch verschiebliches System (c)

Kapitel 3

Effizientes Lösen

Bekanntlich führen viele Wege nach Rom. Aber nur einer davon kann der kürzeste sein. Dieses Kapitel zeigt, dass man mit der richtigen Strategie und der Kenntnis der häufigsten Standardsituationen garantiert und automatisch auf dem kürzesten Weg ans Ziel kommt.

3.1 Standardfälle

3.1.1 Standardfälle der Belastung

Die in Abb. 3.1 dargestellten Systeme sind in vielen komplexeren Systemen „versteckt". Wer diese erkennt, kann durch direktes Anwenden der angegeben Formeln wertvolle Zeit bei der Auflager- und Schnittgrößen-Berechnung sparen.

3.1.2 Standardfälle der Geometrien

Die in Abb. 3.2 aufgelisteten Dreiecksgeometrien kommen oft in Prüfungssituationen vor. Sie werden oft bewusst eingebaut, um Studierenden (und den Prüfungs-Erstellern, die meist auch selbst jede Prüfung vorab durchrechnen müssen) das Leben etwas zu erleichtern. Daher sollte man diese Geometrien unbedingt auswendig wissen.

3.2 Die richtige Strategie und Technik

Der Schlüssel zum Erfolg liegt darin möglichst wenig Gleichungen anschreiben zu müssen. Das spart erstens kostbare Zeit und bietet

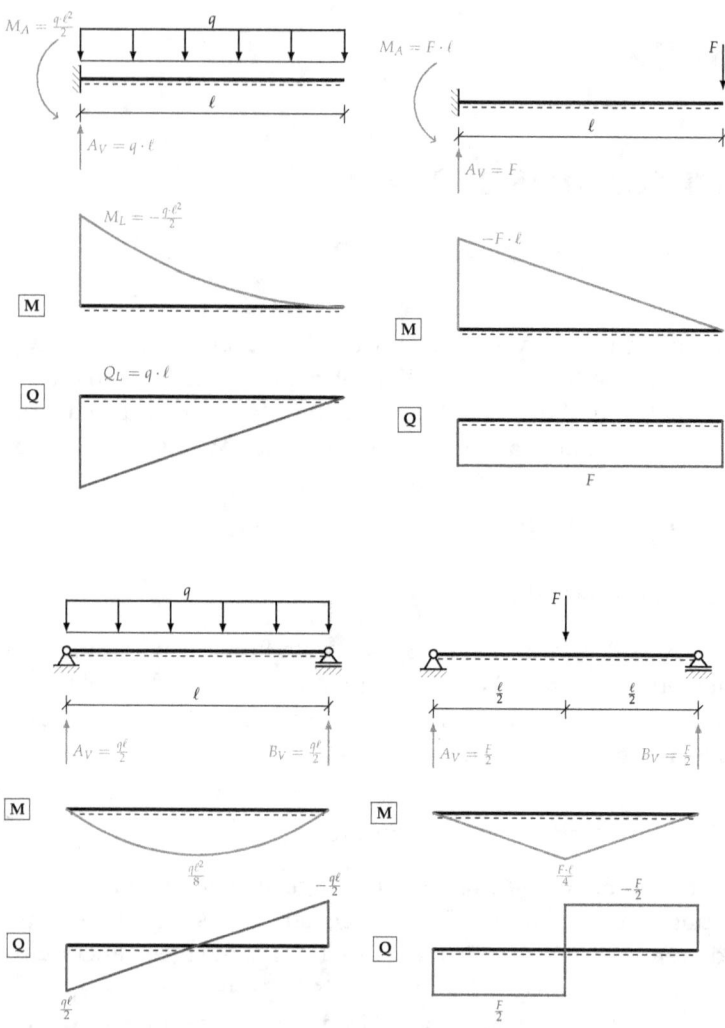

Abbildung 3.1: Die Standardfälle der Belastung

3.3. AUFLAGERKRÄFTE

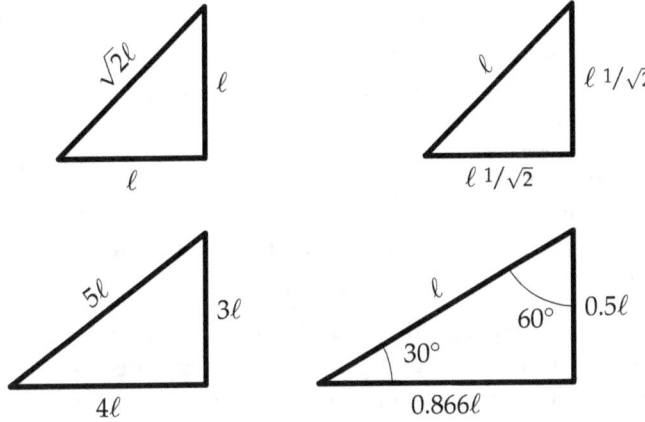

Abbildung 3.2: Häufig vorkommende Geometrien

zweitens weniger Möglichkeiten Fehler zu machen. Dabei ist auch wichtig, dass die angeschriebenen Gleichungen leicht und möglichst direkt lösbar sind. Also in jeder Gleichung nur eine Unbekannte steckt, die damit sofort berechnet werden kann.

Daneben ist es auch sehr hilfreich, Informationen, wie Zwischen-Ergebnisse graphisch im System einzutragen. Das erleichtert das schnelle auffinden dieser Infos und erschwert das unbeabsichtigte Vergessen dieser.

Für die beiden großen Teilaufgaben „Berechnung Auflagerreaktionen" und „Berechnung Schnittkraftverläufe" sind in diesem Kapitel die wichtigsten Techniken oder Strategien zusammengefasst. Die Beispiele im darauffolgenden Kapitel vorgezeigten Rechenbeispiele verweisen auf diese Strategien um zu betonen, dass sich im Grunde alle diese Berechnungen aus diesen „Bausteinen" zusammensetzen.

3.3 Auflagerkräfte

Egal, was in einer Aufgabe gefragt ist, man muss dazu praktisch immer zuerst die Auflagerreaktionen bestimmen.

T 1.1 **Resultierende bilden** Bevor wir mit der eigentlichen Berechnung loslegen, bilden wir von jeder Streckenlast die Resultierende und bestimmen deren Angriffsort. Diese beiden Infos werden dann im System eingetragen. Sollten Gleichlasten über mehrere Stäbe, also über Biegegelenke, gehen, ist es empfehlenswert für jeden Stab eine eigene Resultierende zu bilden. Trapezförmige Streckenlasten teilen wir in einen konstanten und in einen dreiecksförmigen Anteil auf.

T 1.2 **Auflagerreaktionen einzeichnen** Außerdem tragen wir die Auflagerkräfte und Momente als Pfeile auf und benennen diese. Wichtig ist hier, sich dabei an die eigenen Namens- und Richtungs-Konventionen zu halten.

T 1.3 **Vorbereitung möglicher Teilsysteme** Sind mehr als drei unbekannte Auflagerreaktionen zu bestimmen, muss das System in mehrere Teilsysteme geteilt werden. Dabei sollte man nicht den Fehler begehen bereits im Vorhinein das System in fixe Teilsysteme zu zerlegen, da sich die ideale Aufteilung erst beim Durchrechnen ergibt.

Um mögliche Teilsysteme zu finden, markieren wir alle Voll- und Halbgelenke im System. Durch diese Punkte ist es sinnvoll Grenzen von Teilsystemen zu legen, da dort kein Schnitt-Moment freigelegt wird[1]. Außerdem tragen wir die Wirkungslinien der Auflagerreaktionen ein und markieren deren Schnittpunkte. Diese markierten Punkte sind sinnvolle Orte an denen $\sum M = 0$ aufgestellt werden kann, da dort mindestens zwei unbekannte Auflagerreaktionen einen Null-Hebelarm besitzen und somit aus der Gleichung fallen.

T 1.4 **Auswahl eines *idealen* Teilsystems** Ein Teilsystem ist ideal gewählt, wenn damit *direkt* eine Auflagerreaktion mit *einer* Gleichung bestimmt werden kann. Ein ideales Teilsystem muss folgende Voraussetzungen erfüllen:

1. Der Freischnitt darf das System nur in Gelenken schneiden.

2. Durch diesen Schnittpunkt müssen die Wirkungslinien unbekannter Kräfte im Teilsystem – mit Ausnahme der zu berechnenden Auflagerkraft – gehen.

Beim Lösen gehen wir dann jeden Gelenks-Punkt (siehe **T1.3**) der Reihe nach durch und suchen mögliche Freischnitte, bei denen ein ideales Teilsystem entsteht. Gibt es mehr solcher Systeme, kann man entweder jenes das weniger Berechnungsaufwand verursacht, oder

---

[1] Oder genauer gesagt dieses Schnittmoment dort Null ist.

3.3. AUFLAGERKRÄFTE

jenes das weniger bereits berechnete Auflagerkräfte beinhaltet (um robuster gegen Folgefehler zu sein) wählen. Dieser Schritt scheint für Anfänger der schwierigste zu sein und bedarf einiges an Übung.

T 1.5 Aufstellen des Gleichgewichts und Bestimmung einer Unbekannten Darunter Versteht man die Berechnung unbekannter Kraftgrößen unter Anwendung der Gleichgewichts-Bedingungen. Das Ziel ist es, diese Gleichungen so anzuwenden, dass mit jeder Gleichung direkt eine Unbekannte bestimmt werden kann. Im Idealfall werden diese Gleichungen angewandt, wenn am betrachteten System nur eine Unbekannte auftritt (für $\sum F_i = 0$), oder sich alle – außer der zu berechnenden Kraft – in einem Punkt schneiden (für $\sum M = 0$). Aber Achtung: Oft werden dabei unbekannte Einspannmomente vergessen!

Zwei Dinge sind hier hilfreich:

1. Um keine einwirkenden Kräfte beim Aufschreiben zu vergessen, ist eine systematische Vorgehensweise bei der Reihenfolge in der Terme niedergeschrieben werden wichtig. Eine Möglichkeit ist es von links nach rechts vorzugehen, oder sich entlang des „Hauptträgers" und seiner „Äste" zu orientieren.

2. Um das Ausbessern von Folgefehlern zu erleichtern, sollte jede Gleichung doppelt aufgeschrieben werden. Zuerst mit den bekannten Kraftgrößen als Variablen, danach mit den eigentlichen Zahlenwerten. Das erleichtert das Ausbessern eines falschen Wertes erheblich.

T 1.6 Lösen eines 2×2 Gleichungssystems Manchmal ist es nicht möglich (oder nur durch Drehen des Koordinatensystems), mit einer Gleichung eine Unbekannte zu lösen. In solchen Ausnahmefällen stellt man zwei Gleichgewichtsbedingungen für insgesamt zwei Unbekannte auf. Am besten durch zweimal $\sum M = 0$ an unterschiedlichen Punkten, wenn nötig an unterschiedlichen Teilsystemen. So kommt man auf beispielsweise diese beiden Gleichungen:

$$B_H = 12\,B_V + 1{,}5$$
$$B_H = 3\,B_V + 7{,}3$$

Nun zieht man die zweite Gleichung von der ersten ab und eliminiert dadurch B_H. Somit kann B_V berechnet werden. Danach kann eine der obigen Gleichungen verwendet werden um mit dem berechneten Wert von B_V schlussendlich auch B_H zu bekommen. Die andere Gleichung eignet sich für eine Kontrollrechnung.

3.4 Strategie zur Schnittkraftermittlung

T 2.1 **Kritische Punkte Erkennen** Damit sind Punkte gemeint, an denen ein Schnittkraftverlauf entweder springt, einen Knick hat (also dessen Ableitung springt) oder den Wert Null annimmt. Den Wert Null nimmt ein Schnittkraftverlauf üblicherweise an freien Träger-Enden an und bei Auflagern, wenn die entsprechende Kraftgröße gleich Null ist. Ein Sprung entsteht dort wo eine zur Schnittgröße konjugierte Einwirkung[2] stattfindet. Ein Knick tritt am Ende von Gleichlasten auf[3] und speziell für Momentenverläufe auch dort wo im Querkraftverlauf ein Sprung auftritt.

Zusammengefasst können kritische Punkte überall entstehen, wo auf einen Träger eine punktförmige Belastung einwirkt, oder eine Gleichlast beginnt oder endet sowie an Kontenpunkten der Systems.

T 2.2 **Qualitativen Schnittkraftverlauf bestimmen** Sind die kritischen Punkte bekannt, ist der Verlauf in den Bereichen *zwischen* diesen Punkten zu bestimmen.

Beim Normal- und Querkraftverlauf kann man sich an der Belastung orientieren. Aus einer Einzelkraft resultiert ein Sprung, aus einer konstanten Streckenlast ein linearer Verlauf und aus einer linear veränderlichen Streckenlast ein quadratischer, also parabelförmiger Verlauf. Für die Richtung eines Sprunges gilt: Werden positive Werte auf Seite der Kennfaser aufgetragen, so wird der Schnittkraftverlauf von rechts kommend[4] von den Einwirkungen in die jeweilige Richtung „gedrückt". Eine Einzelkraft vergrößert die Querkraft also sprungartig in die jeweilige Richtung. Eine Streckenlast drückt den Querkraftverlauf kontinuierlich, wobei die Steigung, also wie stark der Verlauf gedrückt wird, von der Größe der Last abhängt. Bei Ecken und Knicken im Stab ist darauf zu achten, dass sich Q- und N-Verläufe entsprechend **T2.5** ändern.

---

[2] Also für den Momentenverlauf ein Einzelmoment; für den Normal- und Querkraftverlauf eine Einzelkraft.
[3] Gilt im Allgemeinen für alle Schnittkraftverläufe.
[4] Also entsprechend der Kennfaserregel vom Stab-Ende in Richtung Stab-Anfang.

3.4. STRATEGIE ZUR SCHNITTKRAFTERMITTLUNG

Für den Momentenverlauf kann man sich folgende intuitive Regel merken: Die Werte des Momentenverlaufs werden immer auf jener Seite aufgetragen, die aufgrund von Biegung gestreckt wird. Daraus folgt ein positives Vorzeichen bei gestreckter Kennfaser. Der Verlauf selbst in einem Abschnitt ist linear,[5] wenn dieser Abschnitt unbelastet ist. Andernfalls liegt ein quadratischer oder kubischer Verlauf vor, wobei der *Bauch* der *M*-Linie in Belastungsrichtung zeigt. Dort, wo die Momentenlinie ein Maximum einnimmt, hat der Querkraftverlauf eine Nullstelle.

$\boxed{T\,2.3}$ **Punktweise Verlaufswerte bestimmen** In diesem Schritt geht es darum, Werte an den kritischen Punkten zu bestimmen. Am besten hantelt man sich hier mittels Freischnitten von Stab-Enden in das Innere des Systems vor. Die aus den Freischnitten entstehenden Teilsysteme können entweder bis zu einem Auflager gehen – oder wenn einfacher – von kritischem Punkt zu kritischen Punkt. Bei Sprüngen darf man nicht vergessen, je einen Freischnitt links und rechts davon zu legen. Wobei der geübte Anwender mit einem Freischnitt pro Sprung auskommt, weil sich die Größe des Sprungs direkt aus der Belastung ergibt.

$\boxed{T\,2.4}$ **Ort und Wert des maximalen Biegemoments bestimmen** Häufig wird das maximale Biegemoment gefragt, welches oft nicht an einem kritischen Punkt liegt. Der Ort ist leicht zu finden, denn es ist der Punkt an dem die Querkraft durch Null geht. Einerseits kann man diese Nullstellen-Bestimmung als lineare Interpolation betrachten, wenn man Q und x vertauscht.

$$\begin{aligned} Q(x=0) &= Q_L \\ Q(x=L) &= Q_R \\ Q(x=?) &= 0 \end{aligned} \quad \Leftrightarrow \quad \begin{aligned} x(Q=Q_L) &= 0 \\ x(Q=Q_R) &= L \\ x(Q=0) &= ? \end{aligned}$$

Eine schnellere Möglichkeit gibt es, wenn man weiß, dass die Steigung des Querkraftverlaufs gleich der Größe der Streckenlast q ist. Dann kann man folgende Gleichung aufstellen:

$$Q_L = q \cdot x \quad \rightarrow \underline{x = Q_L/q}.$$

Wenn der Abstand x zum rechten Ende gesucht ist, funktioniert obige Gleichung natürlich auch mit Q_R anstelle von Q_L, siehe Abb. 3.3.

---
[5]Ein konstanter Verlauf zählt hier auch dazu.

Ist der Ort des maximalen Moments nun bestimmt, kann mittels Freischnitt durch diesen Punkt und Anwenden von $\sum M = 0$ das maximale Biegemoment bestimmt werden. In den Standardfällen aus Abb. 3.1 kann das Maximum natürlich direkt bestimmt werden.

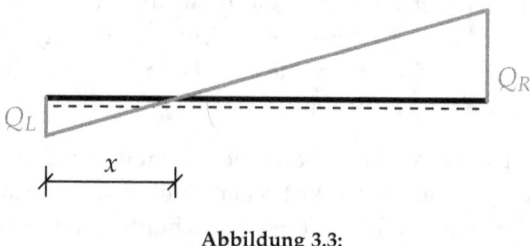

Abbildung 3.3:

T 2.5 **Drehen des Koordinatensystems** Kräfte als physikalische Größen sind Vektoren die sich mit Hilfe eines Koordinatensystems in Zahlen fassen lassen. Manchmal ist es notwendig Kraftvektoren von einem Koordinatensystem ins andere zu übertragen. Das geschieht allgemein mittels Rotationsmatrix:

$$\begin{bmatrix} F'_x \\ F'_y \end{bmatrix} = \begin{bmatrix} \cos \alpha & \sin \alpha \\ -\sin \alpha & \cos \alpha \end{bmatrix} \cdot \begin{bmatrix} F_x \\ F_y \end{bmatrix}$$

Die Einträge dieser Rotationsmatrix merkt man sich leichter, wenn man bedenkt, dass die Elemente in der zweiten Zeile der Ableitung des jeweiligen Eintrags oberhalb entsprechen. Die Matrix-Vektor Multiplikation liest sich ausgeschrieben als:

$$F'_x = F_x \cdot \cos \alpha + F_y \cdot \sin \alpha$$
$$F'_y = -F_x \cdot \sin \alpha + F_y \cdot \cos \alpha$$

Diese Beziehung kann man sich auch leicht aus Abb. 3.4 überlegen, wobei es natürlich empfehlenswert und schneller ist, die Gleichungen aufgrund der auswendig gelernten Rotationsmatrix aufzubauen.

Der Fall „Querkräfte umrechnen" kann genau gleich behandelt werden. Das wird sofort klar, wenn man sich N und Q als Komponenten eines allgemeinen Schnittkraftvektors $\vec{F}$ vorstellt. N_R und Q_R sind dann die Komponenten dieses Vektors im gedrehten Koordinatensystem. Dementsprechend kommt man auch auf dieselben

Gleichungen durch aufstellen der Gleichgewichtsbedingungen rund um den Knick.[6]

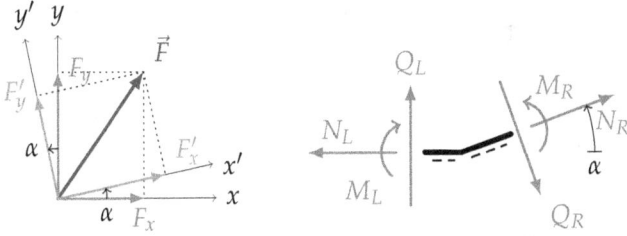

Abbildung 3.4: Gedrehtes Koordinatensystem (links), Schnittufer an Knick (rechts)

3.5 Erklärungs-Beispiele

Hier sollen die oben erwähnten Techniken an typischen Grundtypen statisch bestimmter Systeme durchgegangen werden.

3.5.1 Bsp. 1: Einfeldträger

Gegeben ist das in Abb. 3.5 gezeigte System. Gesucht sind Auflagerreaktionen und Schnittgrößenverläufe.

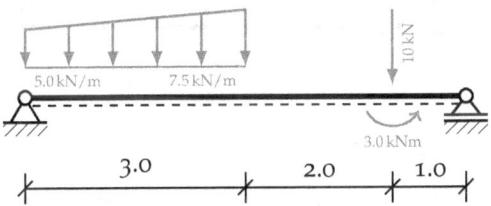

Abbildung 3.5: Angabe für Beispiel 1

3.5.1.1 Vorbereitung

Resultierende: Zunächst teilen wir die Streckenlast in eine konstante und eine dreiecksförmige Last auf. Dann bilden wir zu jeder die

---

[6]Wer lieber diesen Weg geht, sollte dann unbedingt die Kräftebilanzen normal und quer zu der zu berechnenden Seite aufstellen, um nicht **T1.6** anwenden zu müssen.

Resultierende und bestimmen dessen Angriffspunkt:

$$R_1 = 15{,}0 \cdot 3{,}0 \quad = 15{,}0\,\text{kN} \qquad x_1 = 1{,}5\,\text{m}$$
$$R_2 = 2{,}5 \cdot 3{,}0 \cdot 1/2 = 3{,}75\,\text{kN} \qquad x_2 = 2{,}0\,\text{m}$$

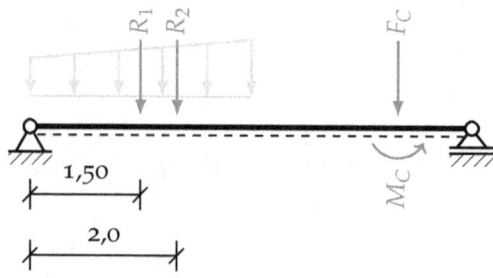

Auftretende Auflagerkräfte: Im zweiten Schritt tragen wir mögliche Auflagerreaktionen ein und vergeben dafür Namen. Da wir die genauen Werte noch nicht kennen, sind sie momentan in grau dargestellt.[7]

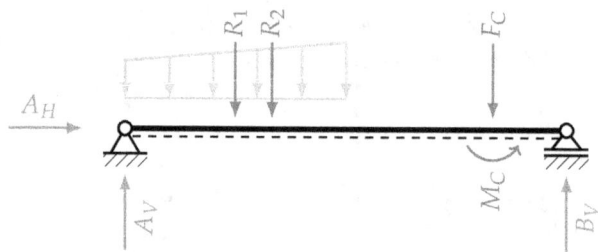

Mögliche Teilsysteme: In diesem Fall ist es weder notwendig (da nur drei Auflagerreaktionen) noch sinnvoll (da keine Gelenke im System vorhanden) über mögliche Teilsysteme zu entscheiden.

3.5.1.2 Auflagerreaktionen Bestimmen

Da es hier nur ein Teilsystem gibt, können wir direkt die drei Auflagerreaktionen bestimmen. Dazu können wir stur wir ein Computer vorgehen und in einer Schleife die folgenden Fragen stellen bis alle Auflagerkräfte berechnet sind:

---

[7] Auf Papier kann man die Unterscheidung mit leichten oder dicken Bleistiftstrichen treffen.

3.5. ERKLÄRUNGS-BEISPIELE

1. Können wir $\sum F_X = 0$ verwenden? (Gibt es genau eine Unbekannte in x-Richtung?)
2. Können wir $\sum F_Y = 0$ verwenden? (Gibt es genau eine Unbekannte in y-Richtung?)
3. Können wir $\sum M = 0$ verwenden? (Gibt es einen Ort an den sich alle außer einer Wirkungslinie der unbekannten Kraftgrößen treffen?)
4. Gibt es noch unbekannte Größen? Wenn ja, starte wieder bei Schritt 1.

In diesem Beispiel landen wir also der Reihe nach bei den folgenden Gleichungen:

$\overset{+}{\rightarrow} \sum F_X = 0 : A_H = 0$

$\rightarrow \underline{A_H = 0}$

$+\!\uparrow \sum F_Y = 0 :$ (geht nicht da A_V und B_V noch unbekannt)

$+\!\circlearrowleft \sum M_A = 0 : \underbrace{R_1}_{15} \cdot 1{,}5 + \underbrace{R_2}_{3{,}75} \cdot 2{,}0 + \underbrace{F_C}_{10} \cdot 5{,}0 - \underbrace{M_C}_{3{,}0} - B_V \cdot 6{,}0 = 0$

$\rightarrow \underline{B_V = 12{,}83\,\text{kN}}$

$+\!\uparrow \sum F_Y = 0 : \underbrace{R_1}_{15} + \underbrace{R_2}_{3{,}75} + \underbrace{F_C}_{10} - \underbrace{B_V}_{12{,}83} - A_V = 0$

$\rightarrow \underline{A_V = 15{,}92\,\text{kN}}$

Als Kontrolle bietet sich noch $\sum M_C = 0$ an. Hier fällt immerhin eine gegebene Einwirkung heraus und man kann beide vertikalen Auflager-Kräfte überprüfen. Alternativ hätte man auch $\sum M_B = 0$ anstelle von $\sum F_Y = 0$ aufstellen können. Dann könnte man $\sum F_Y = 0$ zur Kontrolle verwenden.

Die berechneten Auflagerreaktionen sind nun in Abb. 3.6 ersichtlich.

3.5.1.3 Schnittgrößenverlauf Bestimmen

Nun fehlen noch die Verläufe der Schnittgrößen.

Vorarbeiten: Als Vorarbeiten bestimmen wir die kritischen Punkte an denen sich die Verläufe signifikant ändern, also einen Sprung oder Knick aufweisen. Außerdem schätzen wir noch ab, wie die

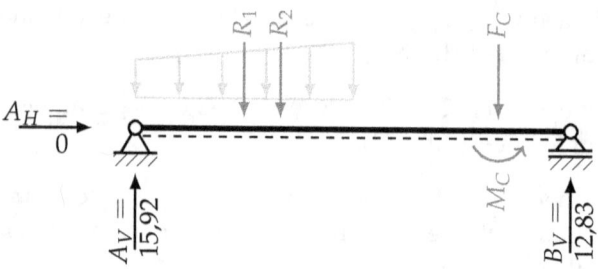

Abbildung 3.6: Auflagerkräfte für Beispiel 1

jeweilige Schnittkraft zwischen den kritischen Punkten verläuft und ob in den kritischen Punkten ein Sprung oder Knick zu erwarten ist. Das Ergebnis dieser Vorarbeiten ist in Abb. 3.7 zu sehen.

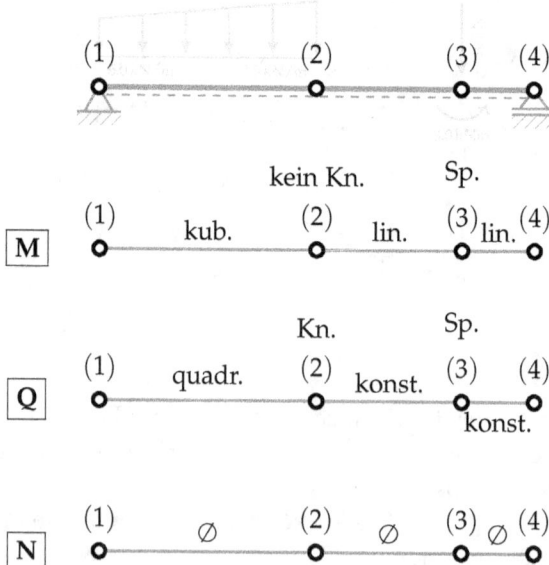

Abbildung 3.7: Beispiel 2: Kritische Punkte für Schnittkraftverlauf und Notizen für den qualitativen Verlauf

Werte bestimmen: **(4)** Wir beginnen in Punkt 4 und übernehmen dort die Schnittkraftverläufe von den Auflagerreaktionen.

$$\rightarrow \underline{M_{(4)} = 0, \quad N_{(4)} = 0, \quad Q_{(4)} = -B_V = -12{,}83\,\text{kN}}$$

3.5. ERKLÄRUNGS-BEISPIELE

Das Vorzeichen von $Q_{(4)}$ bestimmen wir entweder über $\sum F_Y = 0$ am Rundschnitt um Punkt 4. Oder wir überlegen uns, dass die Auflagerkraft den Schnittkraftverlauf in diesem Punkt nach oben (also auf die negative Seite) drückt.

(3) Da in Punkt (3) bei M und Q je ein Sprung auftritt, betrachten wir die Punkte knapp links und rechts davon.

(3,re) Da in $[(3,re)(4)]^8$ keine Kräfte angreifen, sind diese Werte unverändert:

$$\to N_{(4,re)} = N_{(3)} = 0$$
$$\to \underline{Q_{(4,re)} = Q_{(3)} = -12{,}83\,\text{kN}}$$

Für $M_{(3,re)}$ bilden wir gedanklich einen Freischnitt um $[(3,re)(4)]$, wo wir dann $\sum M = 0$ bilden:

$$+\!\!\curvearrowleft \sum M_{(3,re)} = 0: -M_{(3,re)} - Q_{(4)} \cdot 1{,}0 + M_{(4)} = 0$$
$$\to \underline{M_{(3,re)} = 12{,}83\,\text{kNm}}$$

(3,li) In Punkt (3,li) können Q und N wieder über Addition der Belastungen in Punkt (3) bestimmt werden:

$$\to \underline{Q_{(3,li)} = Q_{(3,re)} + F = -2{.}83\,\text{kN}}$$
$$\to \underline{N_{(3,li)} = N_{(3,re)} = 0}$$

Diese Vorgehensweise ist übrigens eine „abgekürzte" Version eines Freischnitts um das Intervall an dem $\sum F = 0$ angesetzt wird.

Für das Moment müssen wir nur das angreifende Einzelmoment addieren. Zur Sicherheit überprüfen wir das aber mit einem Rundschnitt und $\sum M = 0$:

$$+\!\!\curvearrowleft \sum M_{(3)} = 0: -M_{(3,li)} + M_{(3,re)} + M_C = 0$$
$$\to \underline{M_{(3,li)} = M_{(3,re)} + M_C = 12{,}83 + 3 = 15{,}83\,\text{kNm}}$$

(2) In Punkt (2) müssen Q und N gleich sein wie in (3,li), da weder in (2) noch im Intervall $[(2)(3,li)]$ Kräfte angreifen:

$$\to \underline{Q_{(2)} = Q_{(3,li)} = -2{.}83\,\text{kN}}$$
$$\to \underline{N_{(2)} = N_{(3,LI)} = 0}$$

---

[8] Dem Intervall zwischen (4) und (3,re).

Es bleibt also noch M zu bestimmen. Hier wieder mit Freischnitt um $[(2)(3,li)]$:

$$\sum M_{(3)} = 0 : -M_{(2)} + M_{(3,li)} - Q_{(3,li)} \cdot 2{,}0 = 0$$
$$\rightarrow M_{(2)} = M_{(3,li)} - Q_{(3,li)} \cdot 2{,}0 = 21{,}50 \,\text{kNm}.$$

Wir sehen also, dass in diesem Fall nur das Moment aus $Q_{(3,li)}$ hinzuaddiert wurde.

(1) Für den letzten Punkt, Punkt (1), könnten wir wieder mit der Gleichen Strategie wie für Punkt (4) arbeiten und die Schnittgrößen-Werte wieder anhand der Auflagerreaktionen bestimmen. Wir werden jedoch wieder mit Freischnitten arbeiten um die andere Strategie dann als Kontrollmöglichkeit zu haben.

Wir bestimmen also Q und N wie gewohnt:

$$\rightarrow Q_{(1)} = Q_{(2)} + R_1 + R_2 = -2{,}83 + 15{,}0 + 3{,}75 = 15{,}92 \,\text{kN}$$
$$\rightarrow N_{(1)} = N_{(2)} = 0.$$

$M_{(1)}$ folgt wieder über Freischnitt und Momenten-Gleichgewicht:

$$\sum M_{(1)} = 0 : -M_{(1)} - R_1 \cdot 1{,}50 - R_2 \cdot 2{,}0 - Q_{(2)} \cdot 3{,}0 = 0$$
$$\rightarrow M_{(1)} = 15{,}0 \cdot 1{,}50 - 3{,}75 \cdot 2{,}0 - (-2{,}83) \cdot 3{,}0 = 0.$$

Dies ist zugleich eine Kontrolle, da einerseits wie schon bei der Analyse der kritischen Punkte festgestellt, $M_{(1)} = 0$ gelten muss, andererseits auch gelten muss $Q_{(1)} = -A_V$ sowie $N_{(1)} = A_H = 0$.

Resümee Wir haben nun einige elementare Techniken für die Auflagerberechnung angewandt und gesehen, wie man organisiert und effektiv Schnittkraftverläufe berechnen kann.

3.5.2 Bsp. 2: Dreigelenksrahmen mit Gerberträger

In diesem Beispiel soll gezeigt werden, wie man Auflagerkräfte unter Verwendung mehrerer Teilsysteme (TS) direkt berechnet. Es fehlen bewusst Angaben zu Kräften und Abmessungen, weil es hier alleine um die Strategie geht, wie man Teilsysteme geschickt wählt.

Vorbereitung (Abb. 3.9) Ein wichtiger Schritt ist es, sich die auftretenden Auflagerreaktionen und dessen Wirkungslinien einzuzeichnen. Somit ist leichter zu erkennen, wo sich Wirkungslinien schneiden.

3.5. ERKLÄRUNGS-BEISPIELE

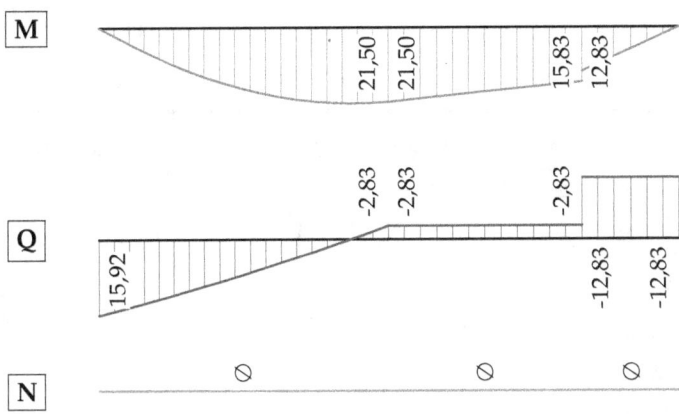

Abbildung 3.8: Beispiel 2: Schnittkraftverläufe

Teilsystem 0 (Abb. 3.10) Legen wir also los! Dieses TS erscheint zwar auf dem ersten Blick sehr attraktiv, da hier keine externen Belastungen angreifen. Tatsächlich ist es aber besonders ungeeignet für unsere Zwecke, denn es wird beim Freischeiden ein Drehmoment freigeschnitten. Das bedeutet, dass $\sum M_{(1)} = 0$ an diesem TS nicht sinnvoll angewandt werden kann. (Wäre in Knoten 1 allerdings ein Gelenk, dann würde die Sache anders ausschauen, denn alle Wirkungslinien außer einer Unbekannten schneiden sich in einem Punkt.)

Teilsystem 1 (Versuch 1) (Abb. 3.11) Wir erweitern also das obige Teilsystem um den Stab bis zum ersten Biegegelenk. Nun schneiden wir kein Biegemoment mehr frei, aber die Wirkungslinien der Unbekannten schneiden sich nicht mehr in Punkt (2) durch den wir freigeschnitten haben. Also können wir dieses TS solange nicht verwenden, bis eine der beiden Auflagerkräfte A_H oder A_V bekannt ist.

Es gibt aber zwei Teilsysteme, die ein Gelenk kreuzen und bei denen sofort eine Auflagerkraft berechnet werden kann.

Teilsystem 2 (Abb. 3.12) Bei diesem Teilsystem kann sofort B_H berechnet werden, weil die Wirkungslinie der anderen Unbekannten (B_V) durch Punkt (3) geht und dadurch aus der Gleichung fällt, die wir anschreiben werden. Da auf diesem TS auch keine externen

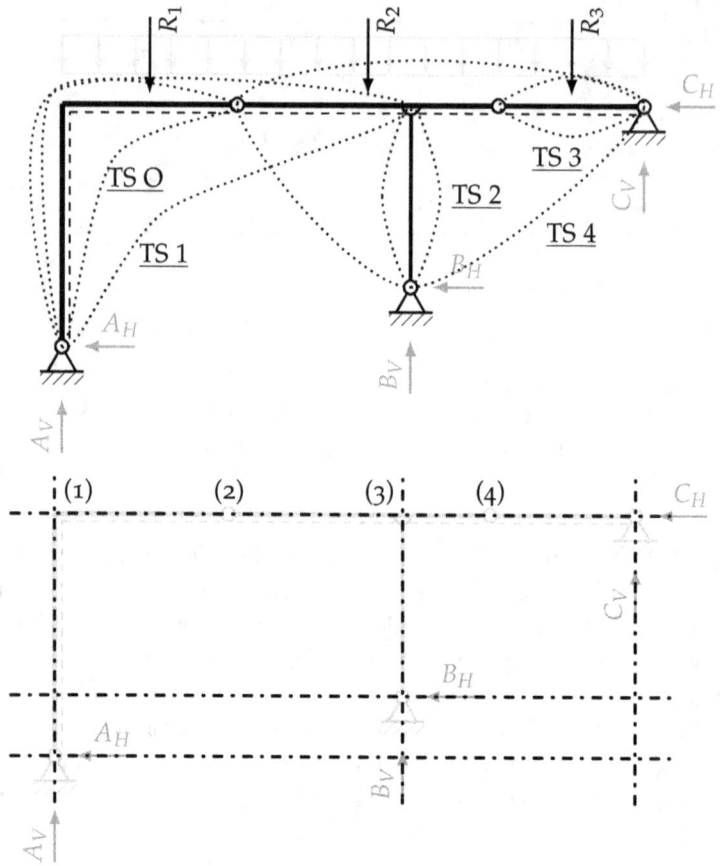

Abbildung 3.9: Beispiel 2 mit gewählten Teilsystemen (oben) und Wirkungslinien der Auflagerkräfte (unten)

Kräfte wirken, braucht man hier nicht-mal eine Gleichung dafür anzuschreiben. Es folgt also via $\underline{\sum M_{(3)} = 0 \rightarrow B_H = 0}$.

Teilsystem 3 (Abb. 3.13) Analog zum vorigen Teilsystem lässt sich hier C_V unter Berücksichtigung der Resultierenden R_3 berechnen. Also: $\underline{\sum M_{(4)} = 0 \rightarrow C_V}$.

Teilsystem 4 (Abb. 3.14) Zugegeben, die Wahl dieses Teilsystems ist für das ungeschulte Auge nicht sofort erkennbar. Wenn aber der Status der Auflagerreaktionen laufend grafisch aktuell gehalten

3.5. ERKLÄRUNGS-BEISPIELE 27

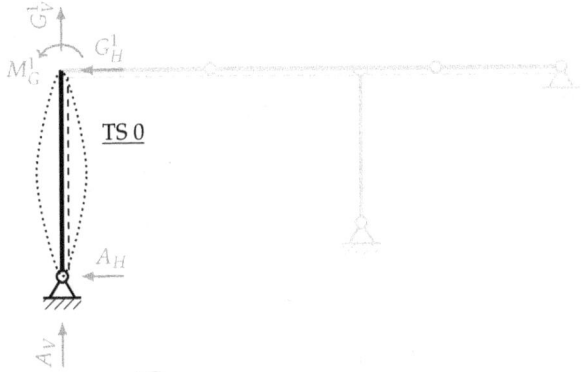

Abbildung 3.10: Teilsystem 0

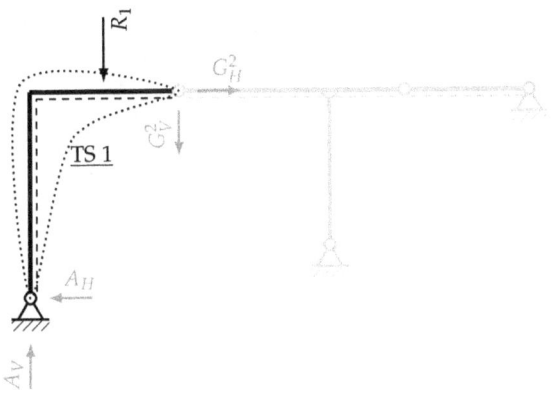

Abbildung 3.11: Teilsystem 1 (Versuch 1)

wird, dann wird man aber schon alleine durch Durchprobieren aller Möglichkeiten relativ rasch zu diesem System kommen. Folgende Auflagerkraft kann man damit berechnen: $\sum M_{(2)} = 0 \rightarrow B_V$.

Gesamtsystem (1.) (Abb. 3.15) Werfen wir nun einen Blick auf die Unbekannten, so sehen wir, dass nun A_V über $\sum F_Y = 0$ am Gesamtsystem berechnet werden kann. Also: $\sum F_Y = 0 \rightarrow A_V$.

Es fehlen noch A_H und C_H.

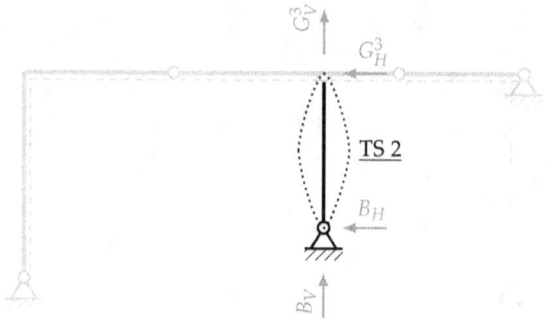

Abbildung 3.12: Teilsystem 2

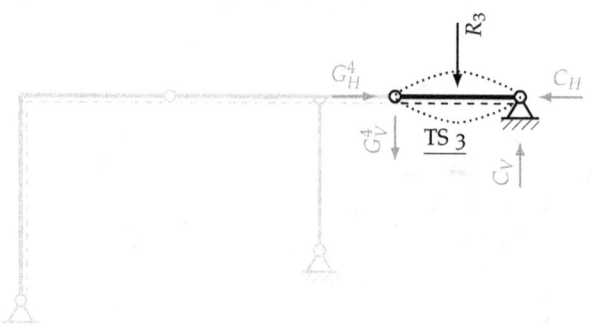

Abbildung 3.13: Teilsystem 3

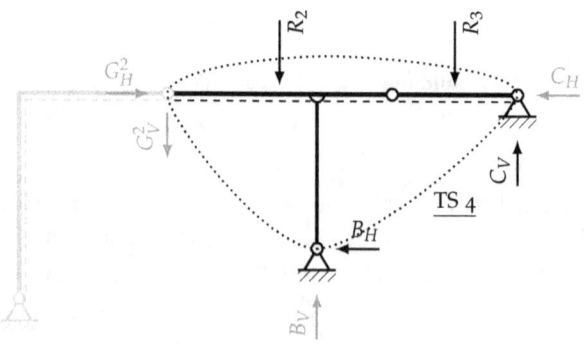

Abbildung 3.14: Teilsystem 4

Teilsystem 1 (Versuch 2) (Abb. 3.16) Da A_V jetzt bekannt ist, ist nun die richtige Zeit für TS1 gekommen: $\underline{\sum M_{(2)} = 0 \rightarrow A_H}$.

3.5. ERKLÄRUNGS-BEISPIELE

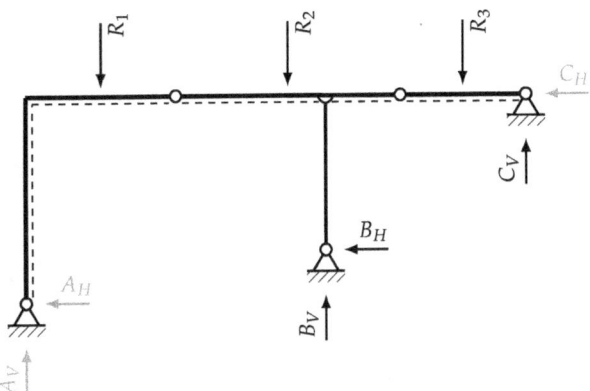

Abbildung 3.15: Gesamtsystem (1.)

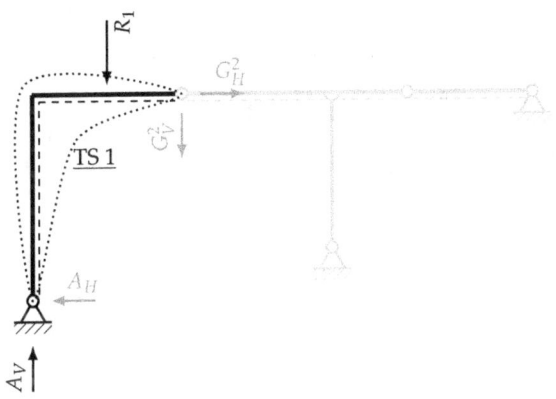

Abbildung 3.16: Teilsystem 1 (Versuch 2)

Gesamtsystem (2.) (Abb. 3.17) Zu guter Letzt kann nun C_H als letzte verbleibende Unbekannte berechnet werden: $\sum F_H = 0 \rightarrow C_H$.

Resümee Das Konzept des Lösungswegs über das Aufstellen vieler Teilsysteme – die zudem oft nur ein einiges mal verwendet werden – mag anfangs vielleicht unnötig aufwendig erscheinen. In diesem Beispiel haben wir damit aber erreicht, dass wir nur genauso viele Gleichungen aufstellen mussten wie Unbekannte vorhanden waren. Wir konnten mit jeder Gleichung direkt – also ohne Lösen eines Gleichungssystems – eine Unbekannte bestimmen. Des Weiteren mussten wir auch keine einzige Gelenkkraft bestimmen.

KAPITEL 3. EFFIZIENTES LÖSEN

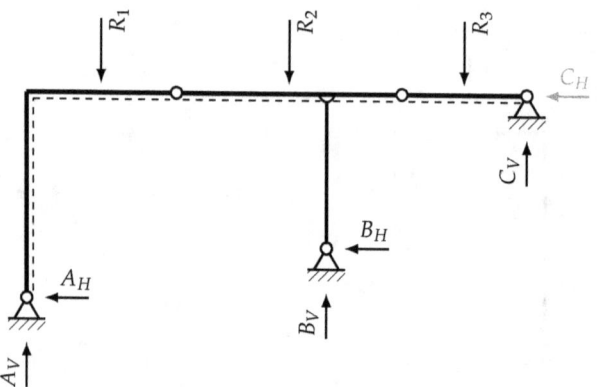

Abbildung 3.17: Gesamtsystem (2.)

Kapitel 4

Trainingstipps

Die benötigten mechanischen Grundlagen von statisch Bestimmten System sind sehr überschaubar und mit den Tricks aus Kapitel 3 kommt man auch rasch zum gewünschten Ergebnis. Jedoch soll dieses Buch auch helfen in Prüfungssituationen das Gelernte zuverlässig umzusetzen. Dazu werden in diesem Kapitel einige Ratschläge geben, wie man sich am besten auf Prüfungen vorbereitet.

4.1 Der richtige Arbeitsplatz

Für ein erfolgreiches Turnier benötigt man einen geeigneten Trainingsort. Da in unserem Fall das Turnier auf einem Tisch ausgetragen wird, benötigen wir auch fürs Training einen guten Arbeitsplatz. Dazu gehören ein ergonomisch passender Stuhl und ein Tisch in der richtigen Höhe. Davon abgesehen ist auch ausreichend helle Beleuchtung essentiell. Wer leicht abgelenkt wird sollte einen Platz mit Blick durchs Fenster vermeiden. Wer zuhause keinen geeigneten Platz hat, wird in der Regel in der Universitätsbibliothek fündig. Außerdem wichtig für die Konzentration ist Ruhe am Arbeitsplatz. Hier kann Gehörschutz (z.B. aus dem Baumarkt) ungeahnt weiterhelfen; oder alternativ konzentrationsfördernde Musik aus dem Kopfhörer.

4.2 Schönschreiben

Es klingt paradox, doch wer Zeit investiert in ein schönes Schriftbild, schreibt schneller und macht auch weniger Fehler. Eine gute Handschrift benötigt weniger Gehirnleistung um das Geschriebene zu entziffern. Dadurch kann es weniger passieren, dass man unter Zeitdruck Ziffern falsch interpretiert oder ein Vorzeichen falsch liest. Ein weiterer Effekt ist, dass sich die Klarheit des Schriftbilds auch auf das Denken zu übertragen scheint. Zu einem sauberen Schriftbild gehört auch, dass Falsches sauber durchgestrichen wird; oder noch besser gelöscht und überschrieben wird.

4.3 Finde dein Arbeitsmaterial

Dazu gehört erstens ein geeigneter Stift. Am besten hat sich ein Fallminen-Bleistift mit gut funktionierendem Radiergummi bewährt. Falls Bleistifte bei der Prüfung nicht zugelassen sind, sind Gel-Schreiber in Kombination mit Korrekturband eine gute Alternative. Beim Korrekturband ist darauf zu achten, dass die Breite des Bandes zur eigenen Schriftgröße passt.

Weiters ist es empfehlenswert das optimale Schreibpapier zu finden. Die Meisten bevorzugen kariertes Paper. Dabei kann aber auch unbeschriftetes Kopierpapier manchmal besser sein, da es keine Linien gibt, die vom Geschriebenen optisch ablenken.

Das offensichtlich wichtigste Hilfsmittel ist der Taschenrechner. Beim Taschenrechner ist es wichtig Zahlen „blind" eintippen zu können. Dafür müssen die Tasten einen guten Druckpunkt besitzen, damit man sich eben „blind" verlassen kann ob ein Zeichen tatsächlich eingegeben wurde oder nicht. Außerdem kann ein guter Taschenrechner Zahlenwerte als Variablen zwischenspeichern.

Welche Utensilien die besten sind, das muss jede/r für sich herausfinden. Probiere unterschiedliche Schreibmaterialien und Taschenrechner aus, bis du dein Optimum gefunden hast. Wichtig ist es außerdem, bei der Prüfungsvorbereitung bereits die möglichst gleichen Arbeitsmaterialien wie bei der Prüfung zu verwenden.

4.4 Übung macht den Meister

Das Prinzip des Kräftegleichgewichts ist trivial und schnell erlernt; beim Durchblättern von durchgerechneten Beispielen klingt alles logisch und einfach. Dennoch, in der Prüfung kommst du ins Schwitzen?

Dagegen gibt es nur ein Mittel: Üben, üben, üben! Im nächsten Kapitel findest du mehr als genug Beispiele samt Endergebnissen. Weitere Beispiele samt Lösungen kann man sich auch ganz leicht selbst mit Stabwerksprogrammen am Computer erstellen.

4.5 Konzentration ist Trumpf

Ein geeigneter Arbeitsplatz ist eine wichtige Voraussetzung für gute Konzentration. Falls es dir aber trotzdem schwer fällt deine ungeteilte Aufmerksamkeit der Baustatik zu widmen, etwa weil ständig Nachrichten am Handy eintrudeln oder du „unbedingt" im Internet etwas nachschlagen musst, dann ist es sinnvoll eine Zeitmanagement-Technik in deinen Lernplan zu integrieren. Eine empfehlenswerte Methode ist die „Pomodoro"-Technik, welche Arbeitszeit in nicht-unterbrechbare Zeitintervalle unterteilt und Techniken zur Arbeitsplanung und Vermeidung von Unterbrechungen vorschlägt. Mehr Infos liefert das Internet.

4.6 Kontrollmöglichkeiten nutzen

4.6.1 Gleichgewicht

An einem statischen System gibt es mehr als genug Möglichkeiten die errechneten Auflagerkräfte zu Prüfen. Wichtig ist es dabei Gleichungen zu nutzen, die nicht bereits zur Berechnung der Auflagerkräfte verwendet wurden. Wurde beispielsweise $\sum F_H = 0$ am Gesamtsystem benutzt, kann mit dieser Gleichung ein etwaiger Fehler nicht mehr aufgespürt werden. Zur Kontrolle besonders Empfehlenswert ist $\sum M = 0$ an einem Punkt wo möglichst wenig Einwirkungen aber möglichst alle Auflagerkräfte einen Hebelarm besitzen.

4.6.2 Plausibilität

Während des Rechnens ist es ratsam, laufend seine Ergebnisse auf Plausibilität zu Prüfen. Stimmt das Vorzeichen mit meiner Erwartung überein? Ist das Ergebnis in derselben Größenordnung wie die anderen Werte?

4.6.3 Tippfehler

Bevor die Berechnung auf dem Taschenrechner gestartet wird, nochmal prüfen ob alles korrekt eingegeben wurde. Passen Vorzeichen und Kommastellen? Haben bei $\sum M = 0$ alle Kräfte einen Hebelsarm?

4.7 Eigene Konventionen finden und einhalten

Wer ein gewisse Gewohnheiten beim Durchrechnen von Beispielen findet, vergeudet weniger Zeit, da man nicht Überlegen muss, welche Schritte als nächstes kommen. Dadurch ist man in Prüfungssituationen weitaus ruhiger.

Finde für möglichst alle Teil-Aufgaben der Berechnung Konventionen oder Schemata wie du diese Teilaufgaben erledigst. Darunter fällt unter Anderem:

- In welche Richtung unbekannte Kräfte positiv angesetzt werden (z.B. immer in Richtung der Koordinatensystem-Achsen oder in die zu erwartende Wirkungsrichtung).

- In welcher Reihenfolge Terme oder Kräfte in Gleichungen aufgenommen werden (z.B. von links nach rechts).

- Welche Zwischenschritte zwischen der Postulation $\sum F = 0$ und der fertig berechneten Größe kommen sollen. (Etwa zuerst alle Größen als Variable, danach als Zahlenwerte anschreiben, dann Gleichung umformen, schließlich umgeformte Gleichung in den Taschenrechner tippen und Ergebnis anschreiben.)

- Wie Zwischen- und Endergebnisse gekennzeichnet werden. (Etwa durch Unterstreichen)

- Wie bekannte, unbekannte und resultierende Kräfte grafisch gekennzeichnet werden.

- Welche Kontrollmöglichkeiten genutzt werden. (Siehe Kap. 4.6.)

4.8 Unterscheidung Lernmodi

Für den maximalen Lernerfolg ist es wichtig zwischen „Lernmodus" und „Prüfungssimulation" zu unterscheiden. In Ersterem geht es darum möglichst viel zu lernen und dabei möglichst viel zu experimentieren um den schnellsten Weg ans Ziel zu finden und dabei verschiedene Lösungswege zu testen.

In der Prüfungssimulation geht es darum herauszufinden wie man bei einer Prüfung abschneiden würde. Als oberste Regel gilt es hier der Versuchung zu widerstehen bei Problemen die Zeit anzuhalten oder während des Rechnens die eigenen Rechnungen mit einer Musterlösung zu vergleichen. Ob die eigenen Ergebnisse stimmen, darf im Simulationsmodus erst am Ende geprüft werden.

Es bieten sich zwei Varianten der Simulation an: Entweder man arbeitet ohne Zeitlimit um herauszufinden wie schnell man bereits ist, oder mit Zeitlimit um zu prüfen wie gut man mit dem Zeitdruck umgehen kann. Der Erfolg wird im zweiten Fall daran gemessen, ob die Ergebnisse stimmen oder nicht.

Am besten trainiert man übrigens mit alten Prüfungsbeispielen die man sich von höhersemestrigen Studienkollegen oder anderen Quellen besorgen kann. Dabei ist zu beachten, dass man im Simulationsmodus stets neue, also Beispiele die man bisher noch nicht zum Üben verwendet hat, durchrechnet.

4.9 Plan B: Oder das Finden von Fehlern

Die beste Strategie für den „Ernstfall" hängt stark vom Bewertungsmodus ab. Davon abhängig kann die richtige Strategie lauten „mit falschen Werten weiter rechnen", oder „zum nächsten Beispiel springen" oder gar „Prüfung abgeben, die restliche Zeit sinnvoll nutzen und beim nächsten Termin antreten".

Meistens können Fehler aber rechtzeitig gefunden und korrigiert werden. Bei der Fehlersuche kann man wie folgt vorgehen:

1. Ruhe bewahren. Fehler können zwar immer passieren, sind mit der richtigen Strategie aber schnell kompensiert.

2. Nochmal prüfen, ob es wirklich ein Fehler ist. Vielleicht ist nur die Kontrolle falsch.

3. Den Fehler einkreisen: Der falsche Wert muss irgendwo seit der letzten Kontrolle aufgetreten sein. Daher ist es am besten von diesem Punkt an alle Berechnungen nochmal durchzugehen. Sind alle Terme in der Gleichung? Sind alle Hebelsarme, alle Vorzeichen, alle übernommenen Zahlenwerte korrekt? Ist das Ergebnis plausibel? (Falls nicht, Rechnung nochmal in den Taschenrechner eintippen!)

4. *Alle* Folgefehler ausbessern: Wurde der Fehler gefunden, müssen alle Ergebnisse, die auf diesem falschen Wert beruhen, korrigiert werden. Es empfiehlt sich zuerst alle auszubessernden Werte zu markieren oder durchzustreichen. Dabei nicht vergessen, dass auch alle Gleichungen mit geänderten Werten neu berechnet werden müssen.

5. Kontrolle erneut durchführen: Oft entstehen durch Nervosität neue Fehler, die genauso wieder korrigiert werden müssen.

4.10 Erfolge und Fortschritte feiern

Trotz allen erreichten oder noch nicht erreichten Zielen darf man nicht vergessen auch mal zurück zu blicken und seine aktuellen Leistungen, sei es wie schnell ein gegebenes Beispiel berechnet werden kann oder erreichte Klausurpunkte, mit jenen aus der Vergangenheit zu vergleichen und sich selbst für diese Leistungen auf die Schulter zu klopfen. Merke: Statische Berechnungen fehlerfrei durchführen zu können ist keine Frage von Talent sondern rein eine Frage der Übung!

Kapitel 5

Übungsbeispiele

Auf den folgenden Seiten findest du Beispiele an denen du die vorgestellten Techniken und Strategien ausprobieren kannst. Die gegebenen 50 Beispiele sollten eigentlich ausreichend sein für diesen Zweck.[1] Sie sind von unterschiedlichen Schwierigkeitsgraden aber *nicht* danach sortiert.

Um Platz zu sparen werden in den Angaben immer folgende Einheiten verwendet:

- Kräfte: kN
- Längen: m

Daraus folgen die restlichen Einheiten:

- Streckenlast: kN/m
- Moment: kNm

---

[1] Weitere Systeme und Lösungen kann man sich mit jeder Stabwerks-Software generieren. Dabei solltest du aber darauf achten, dass die generierten Systeme auch statisch bestimmt sind.

System 001

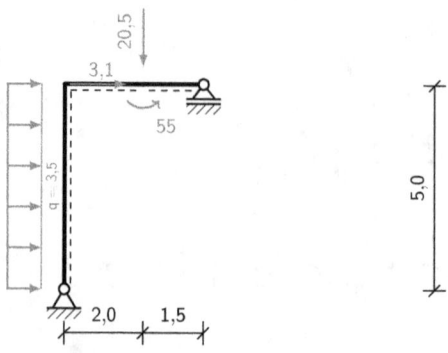

System 002

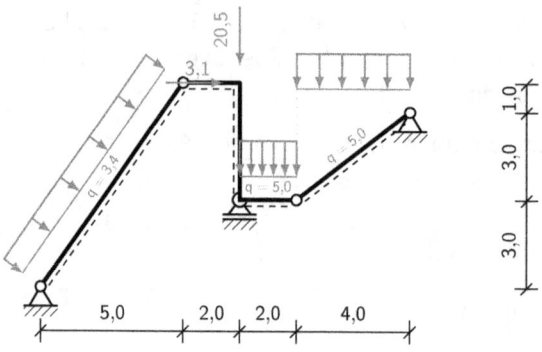

System 003

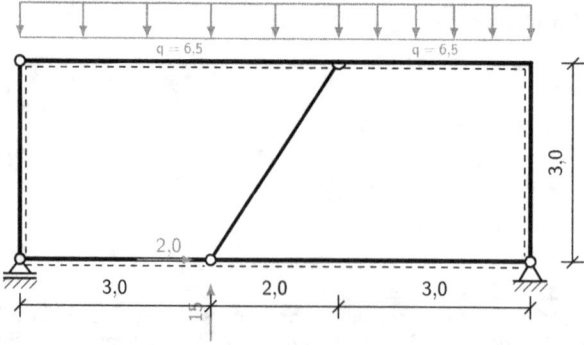

System 004

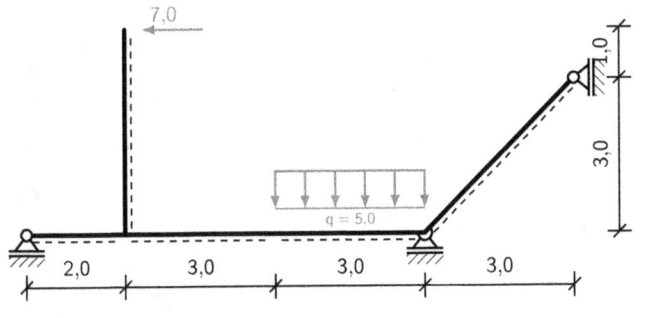

System 005

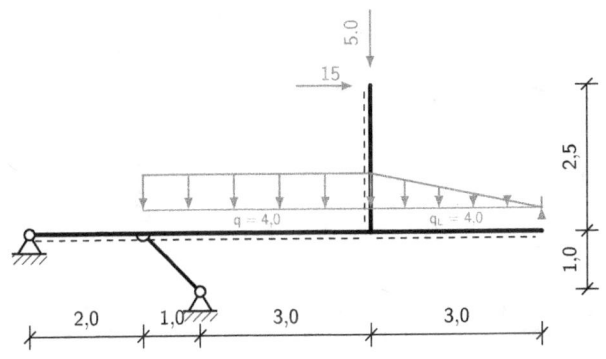

System 006

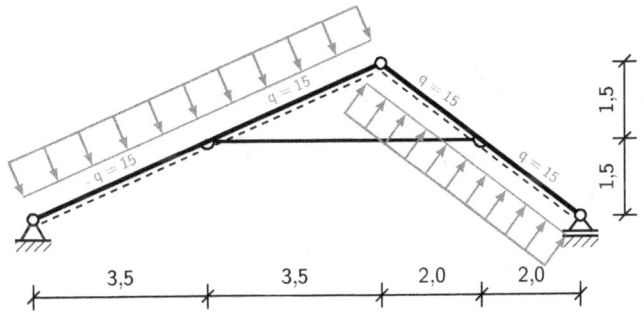

KAPITEL 5. ÜBUNGSBEISPIELE

System 007

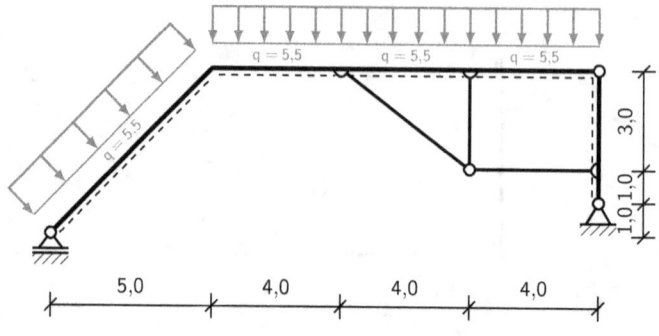

System 008

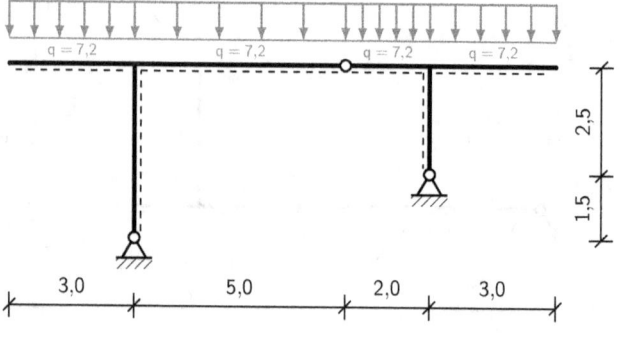

System 009

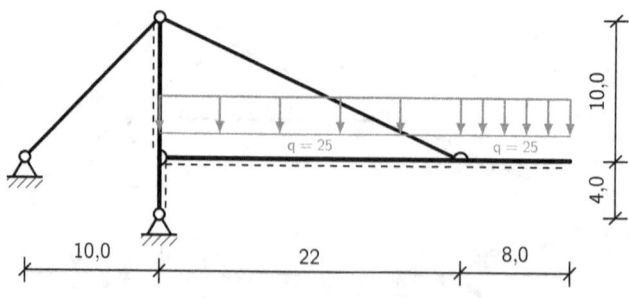

System 010

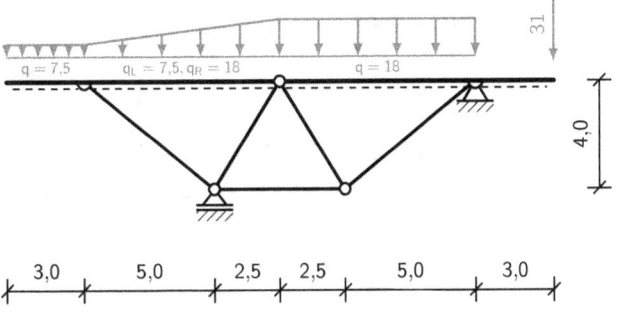

System 011

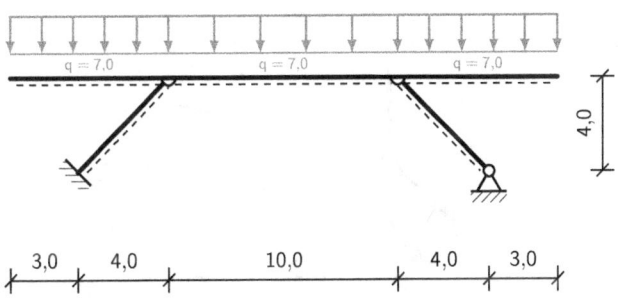

System 012

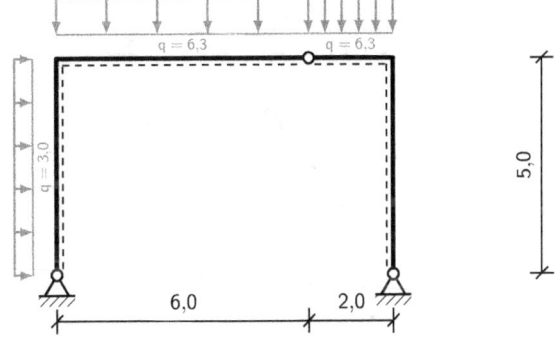

System 013

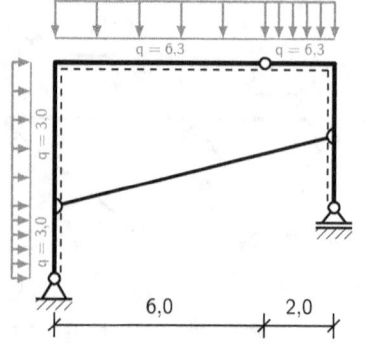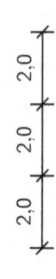

System 014

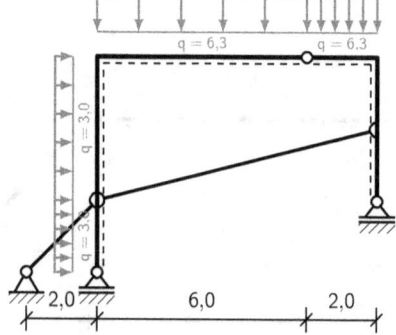

System 015

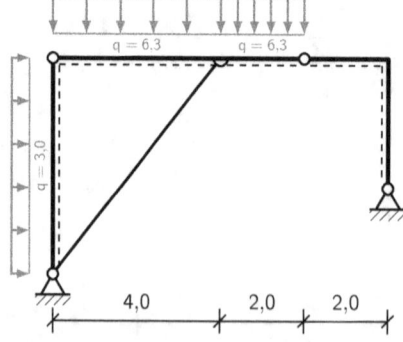

System 016

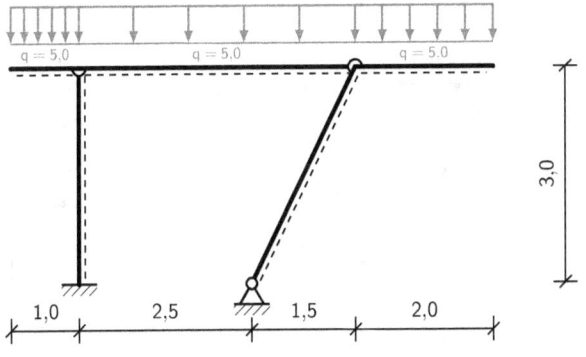

System 017

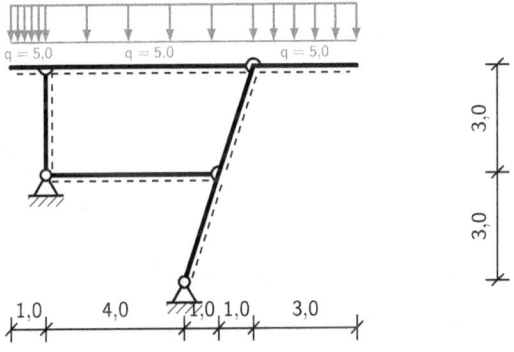

System 018

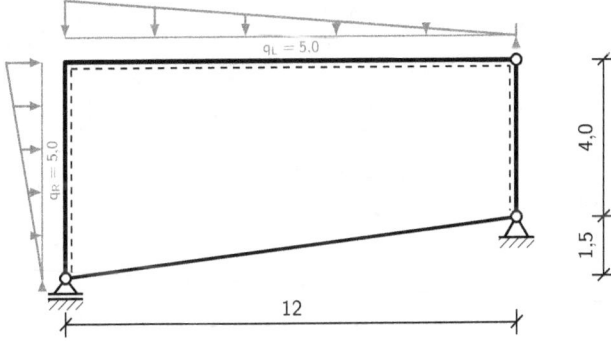

System 019

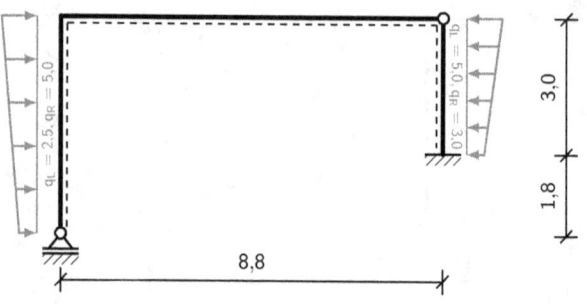

System 020

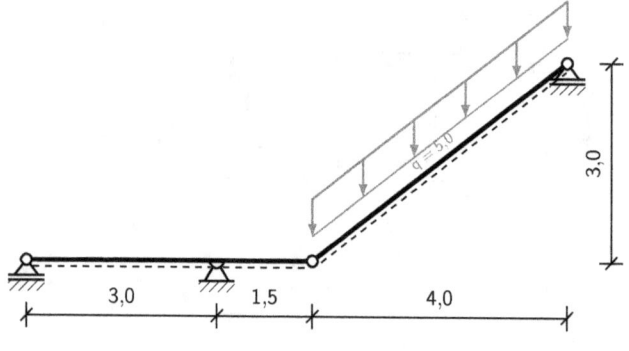

System 021

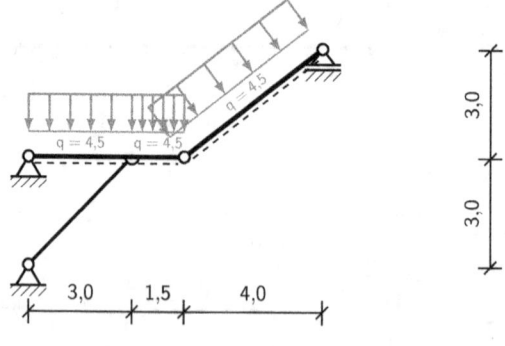

System 022

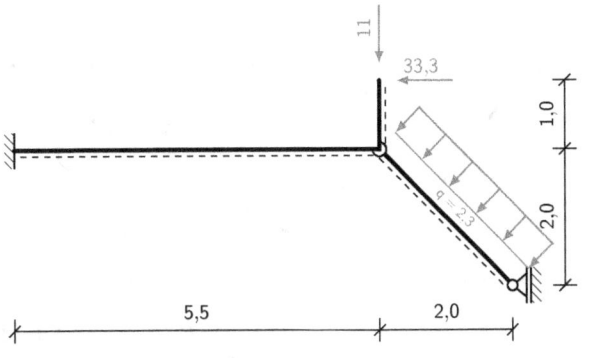

System 023

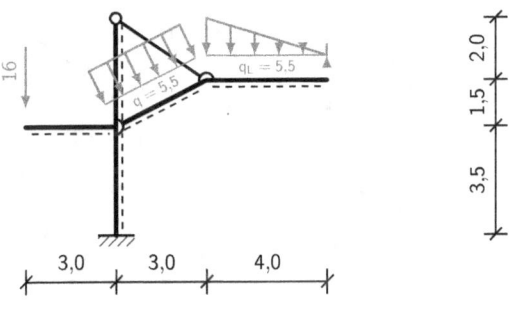

System 024

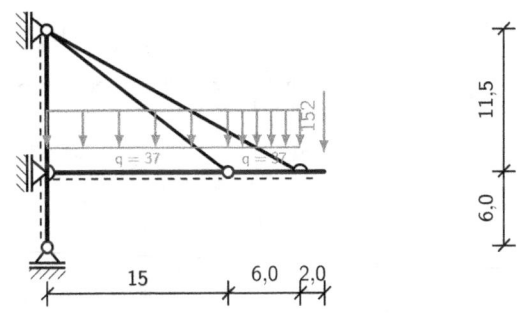

KAPITEL 5. ÜBUNGSBEISPIELE

System 025

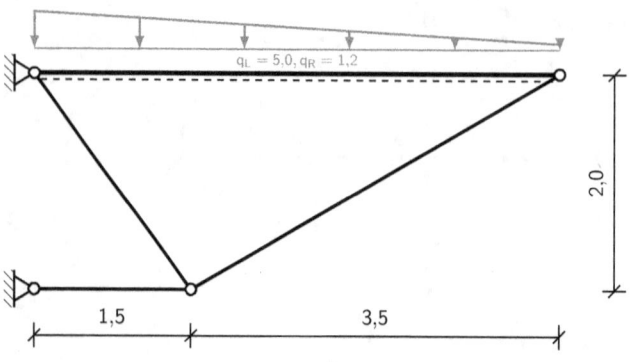

System 026

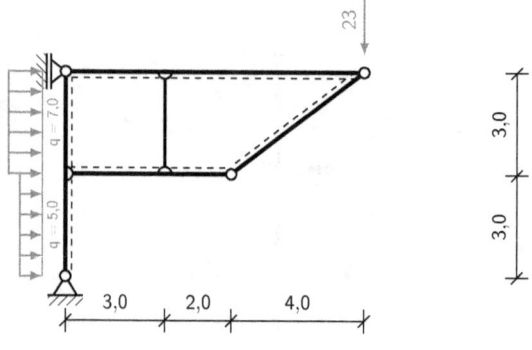

System 027

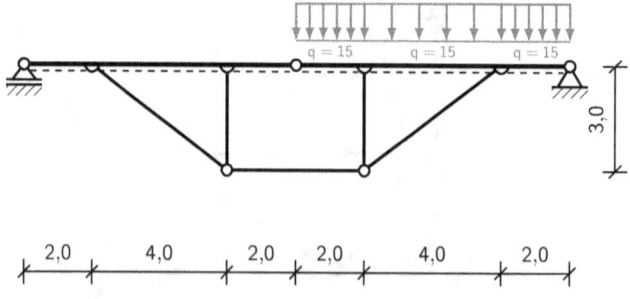

System 028

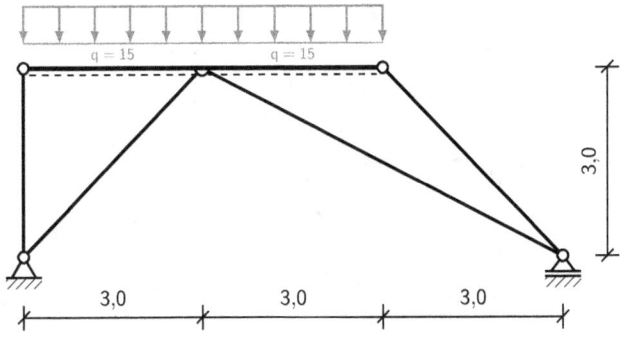

System 029

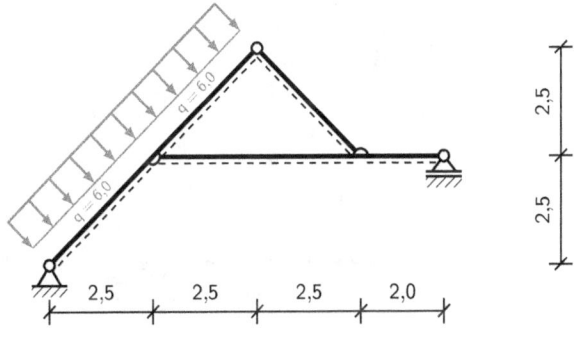

System 030

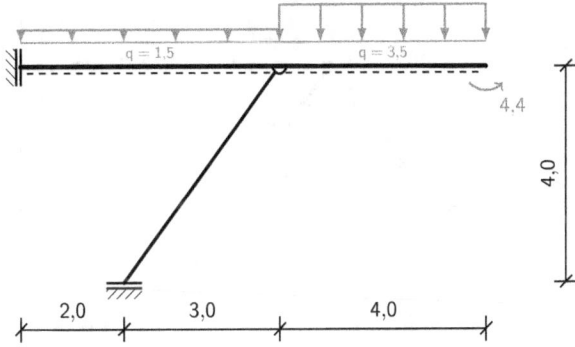

KAPITEL 5. ÜBUNGSBEISPIELE

System 031

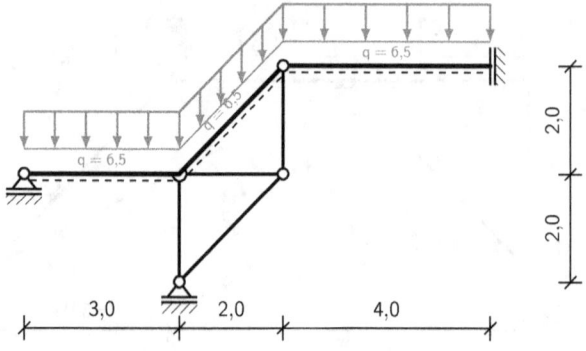

System 032

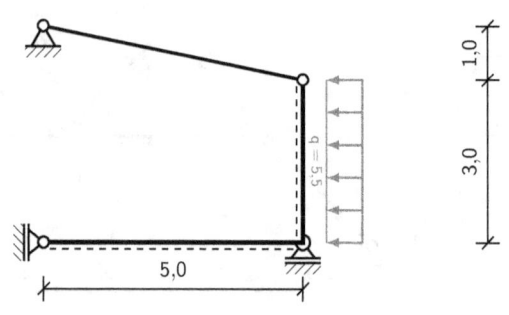

System 033

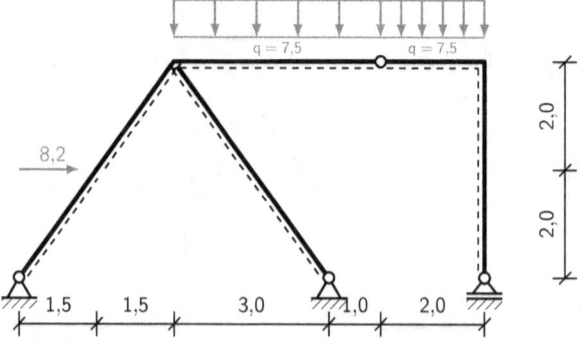

System 034

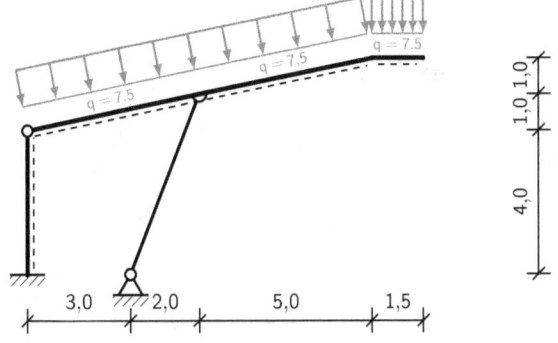

System 035

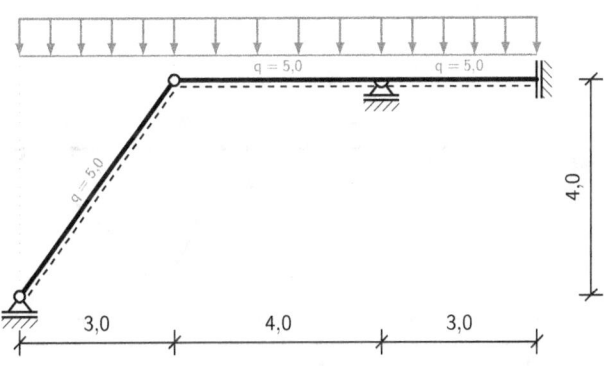

System 036

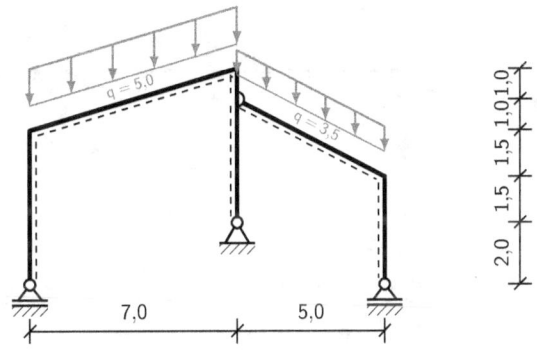

System 037

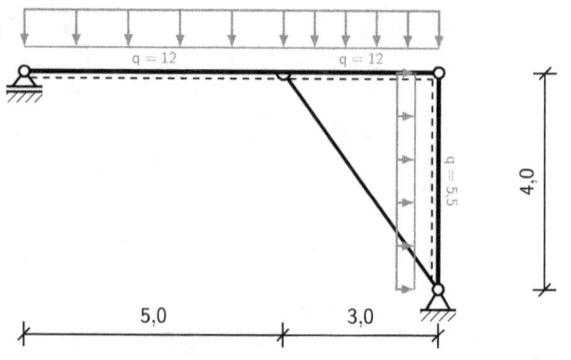

System 038

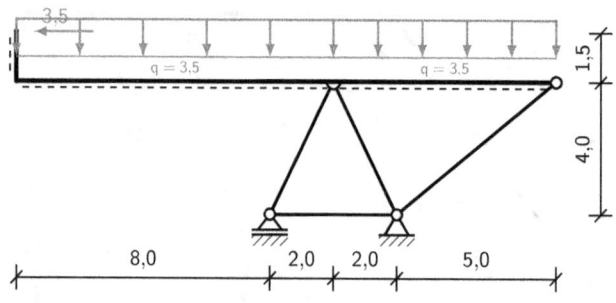

System 039

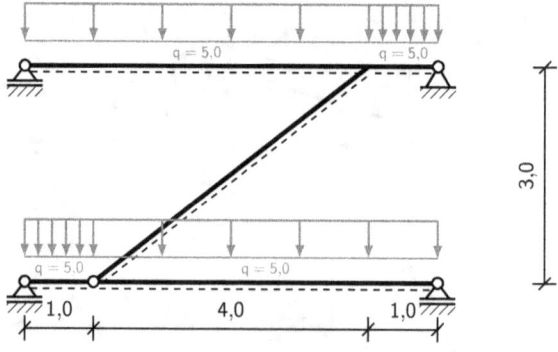

System 040

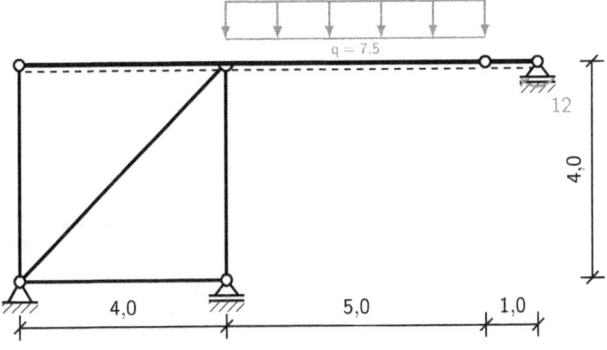

System 041

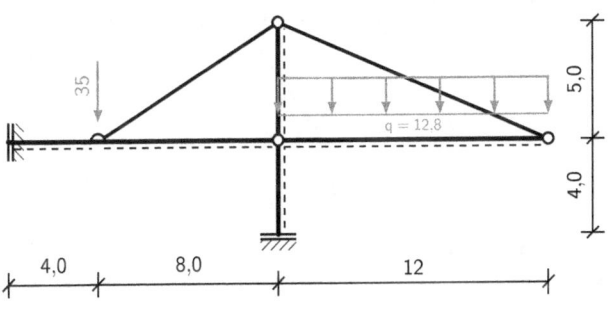

System 042

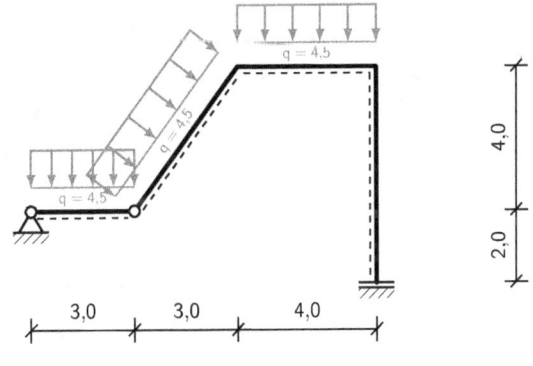

System 043

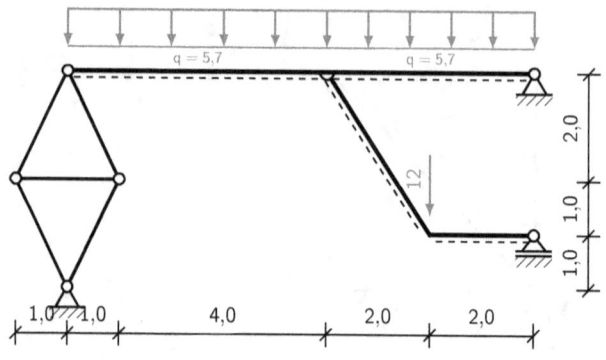

System 044

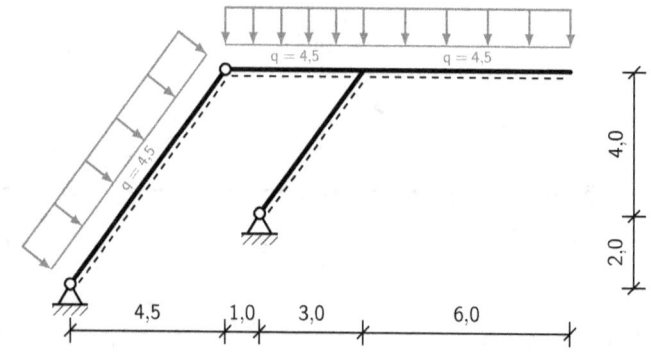

System 045

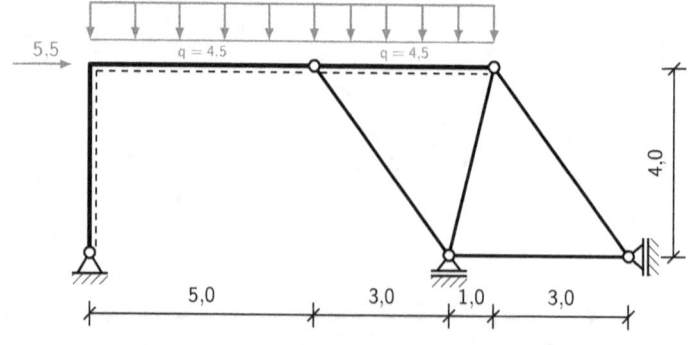

System 046

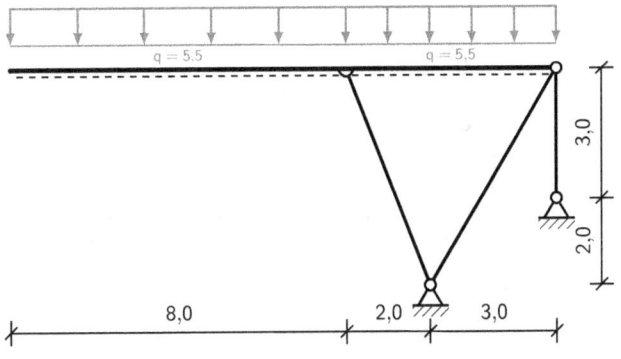

System 047

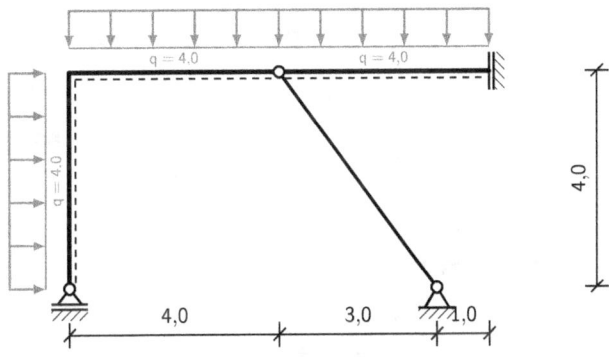

System 048

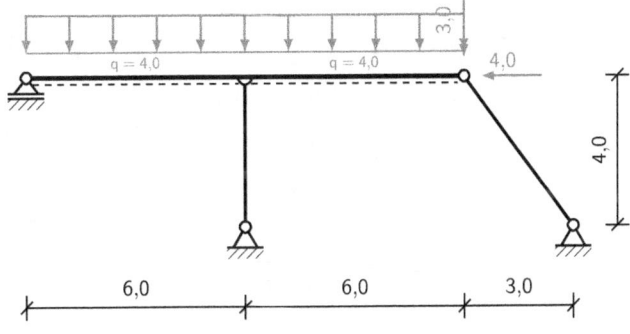

System 049

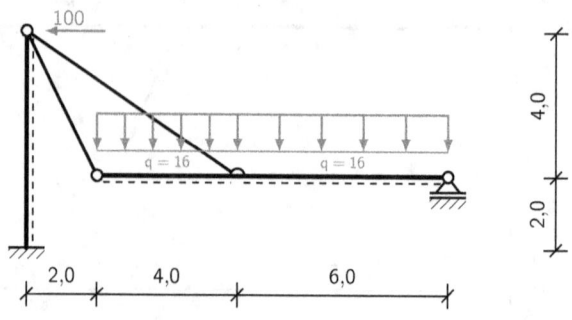

System 050

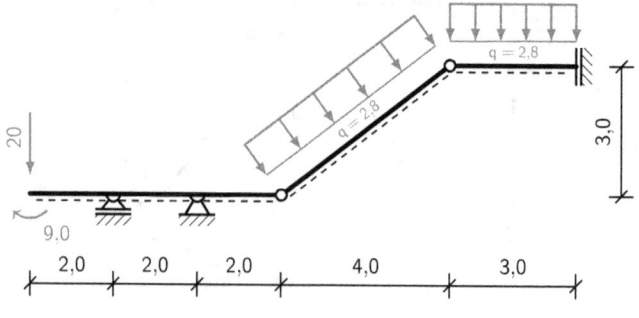

Kapitel 6

Lösungen zu den Übungsbeispielen

Bei den abgedruckten Lösungen gelten analog zu den Angaben folgende Einheiten:

- Auflagerkräfte, Normal- und Querkraftverlauf: kN
- Auflagermomente und Momentenverlauf: kNm

System 001

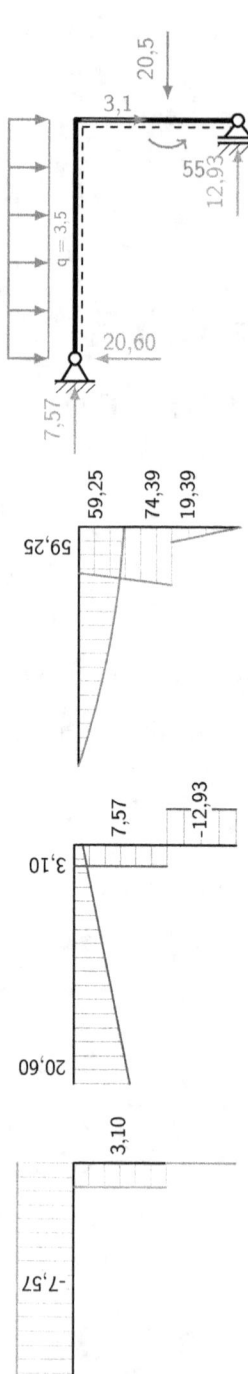

System 002

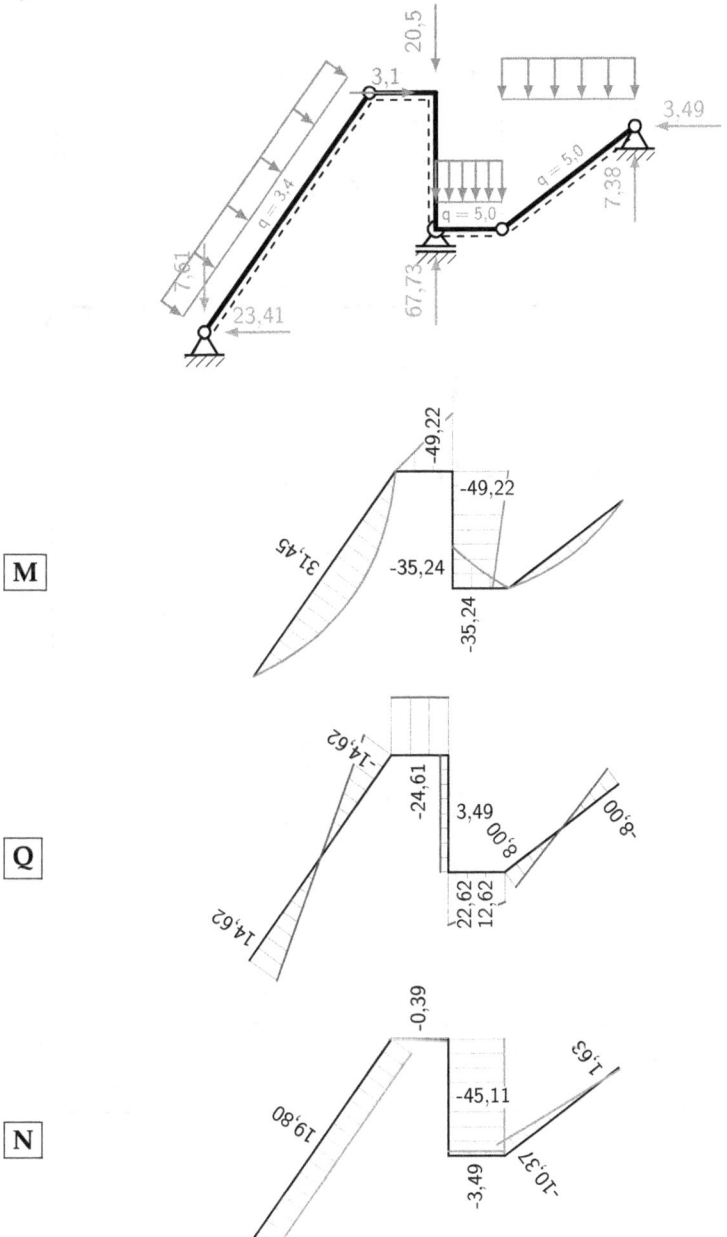

System 003

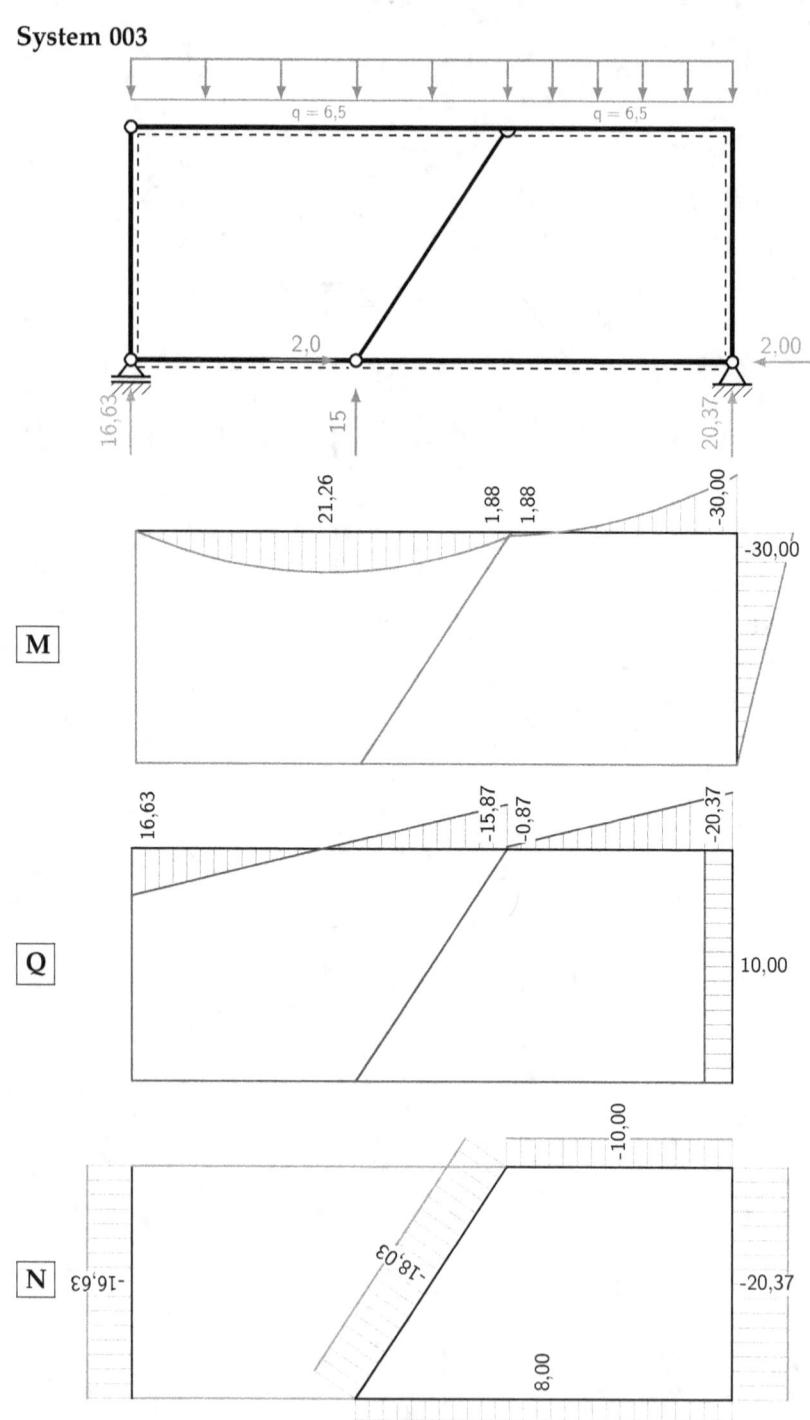

System 004

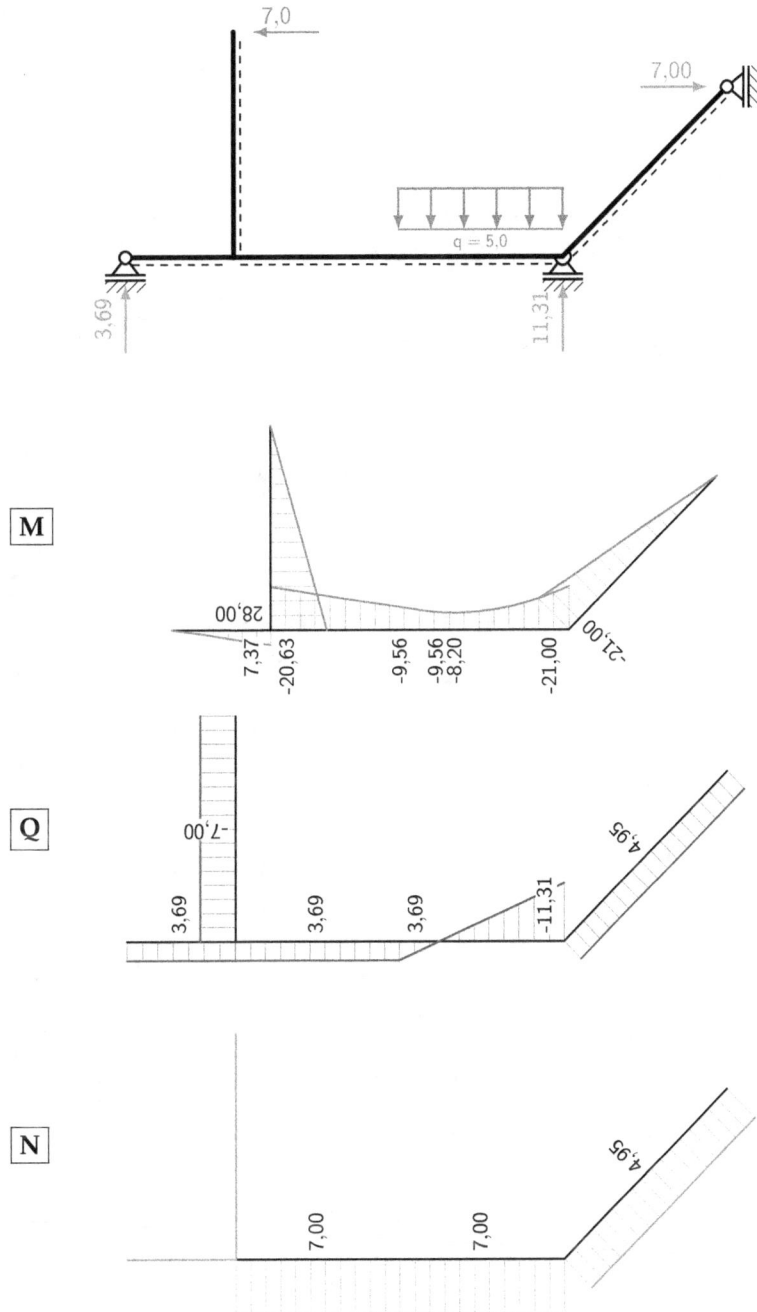

System 005

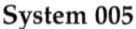

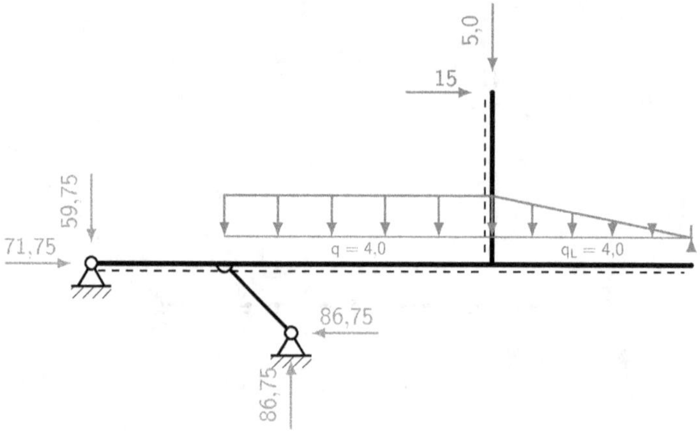

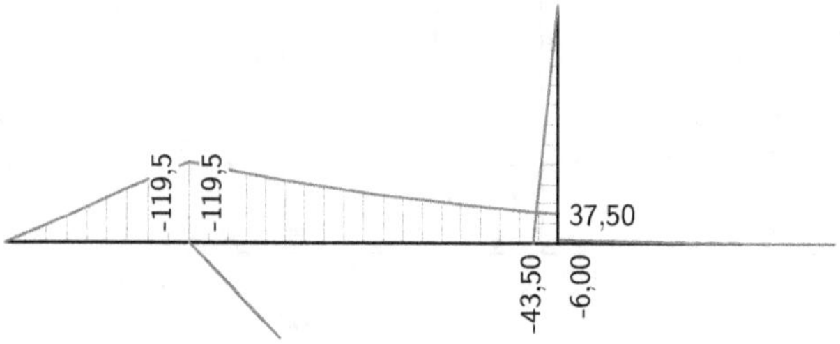

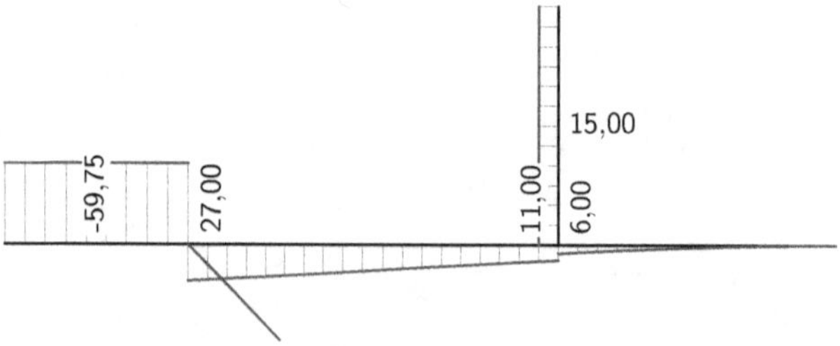

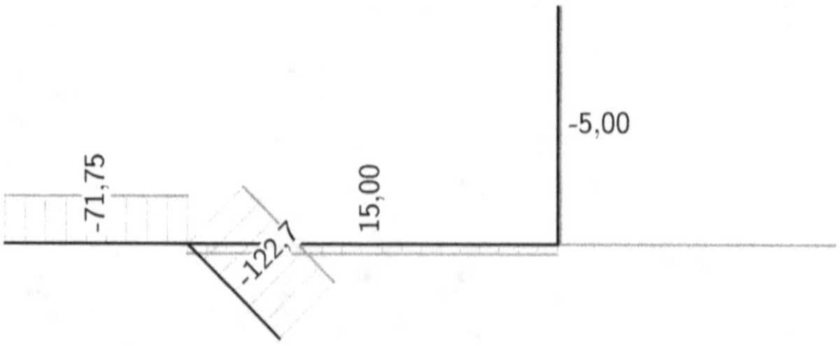

System 006

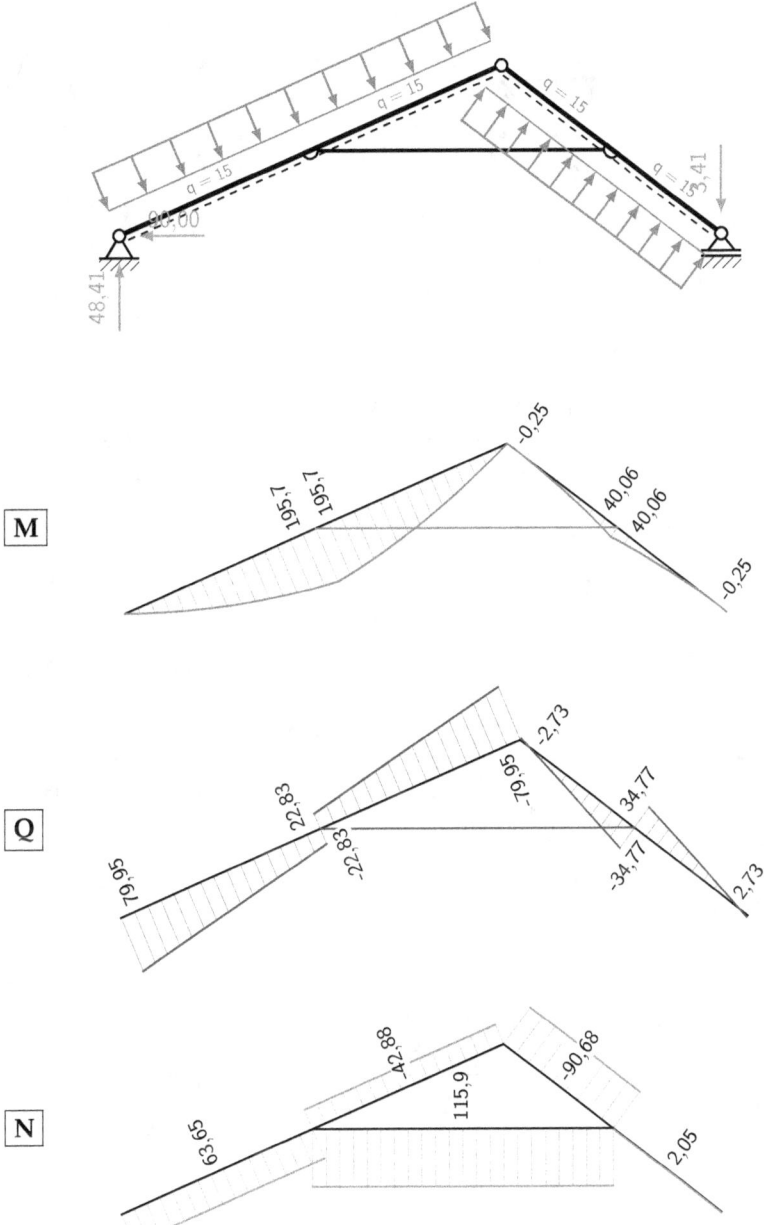

System 007

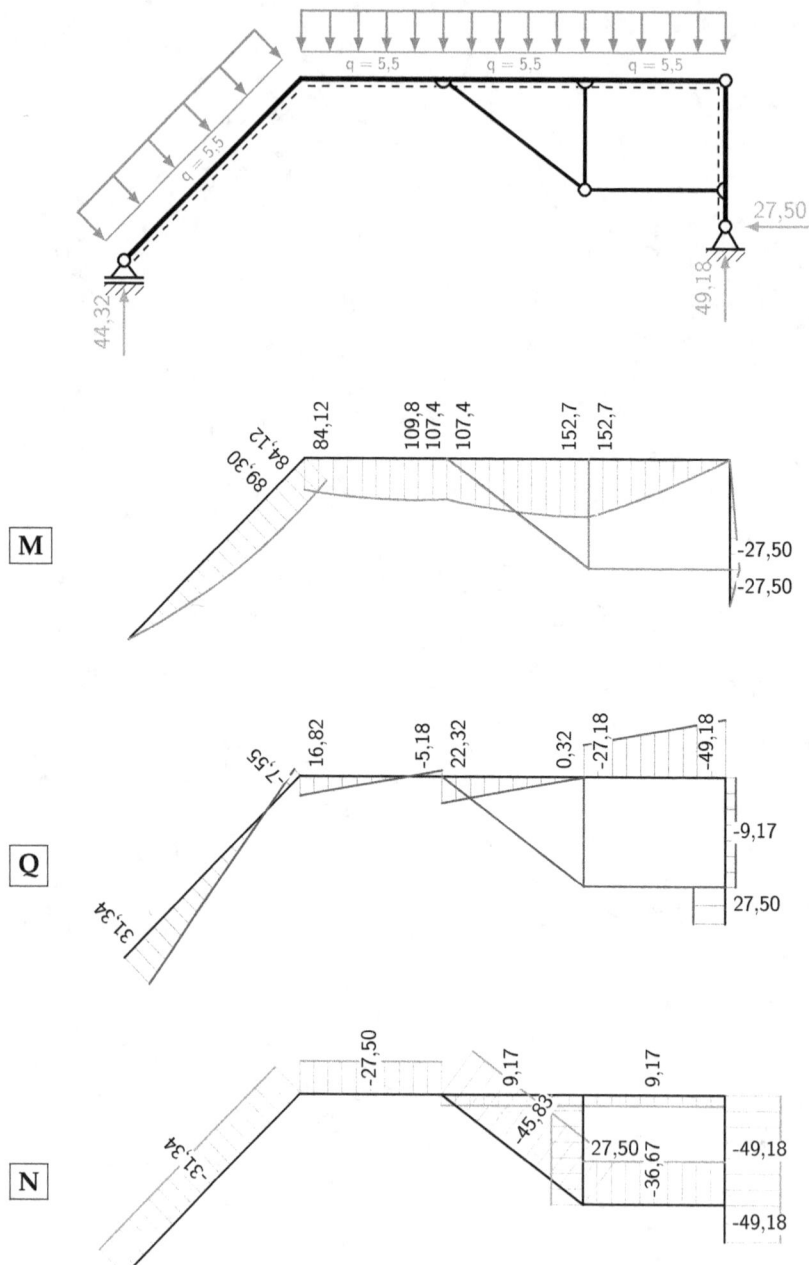

System 008

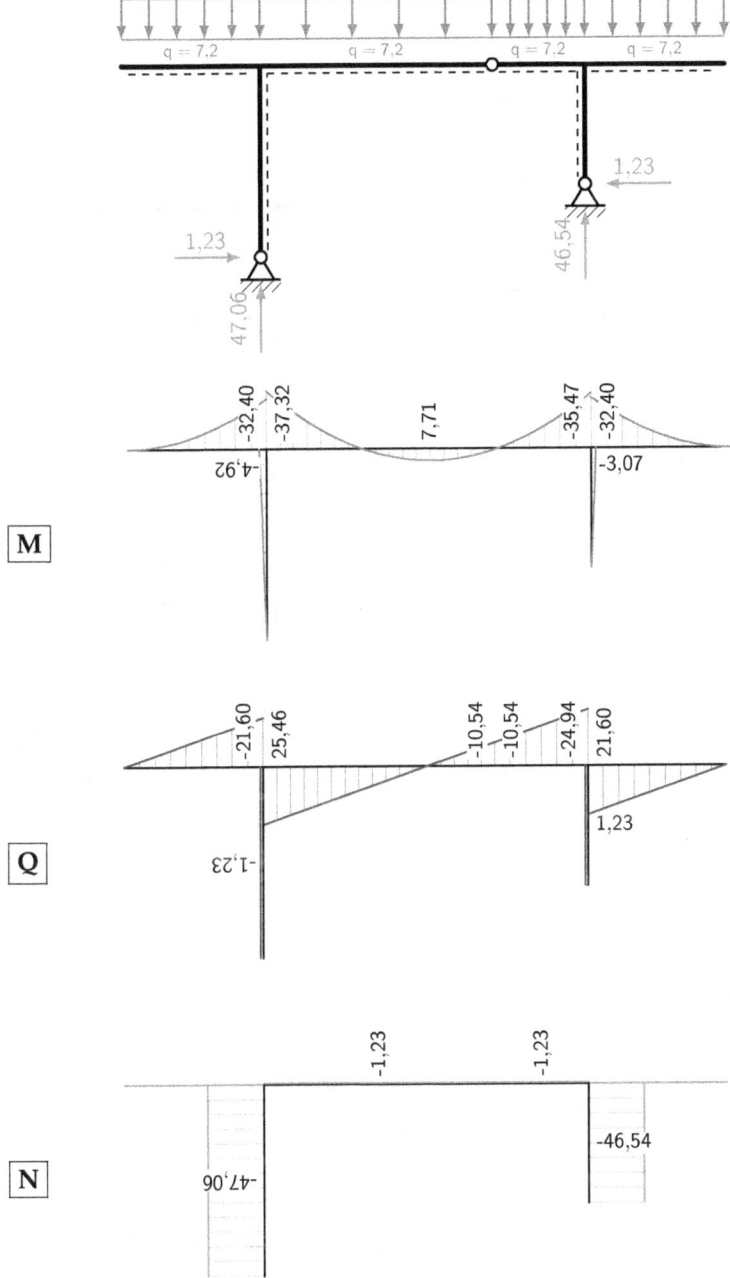

System 009

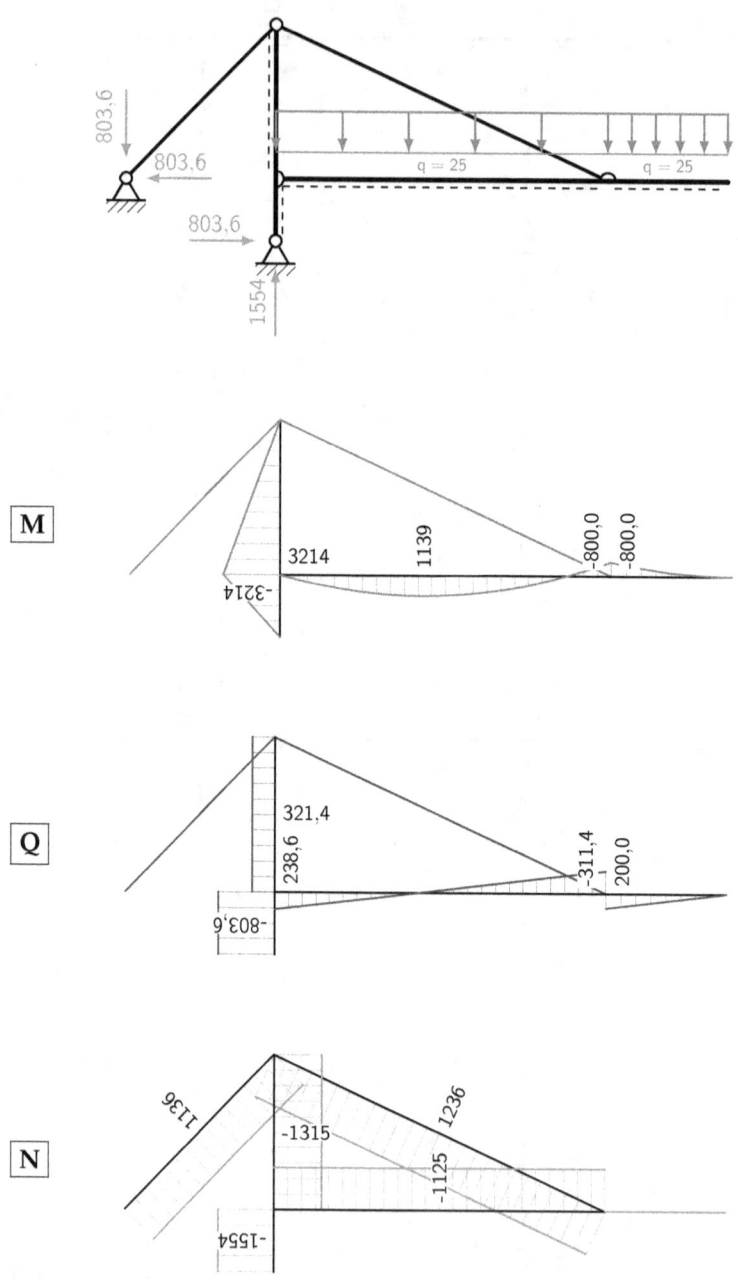

System 010

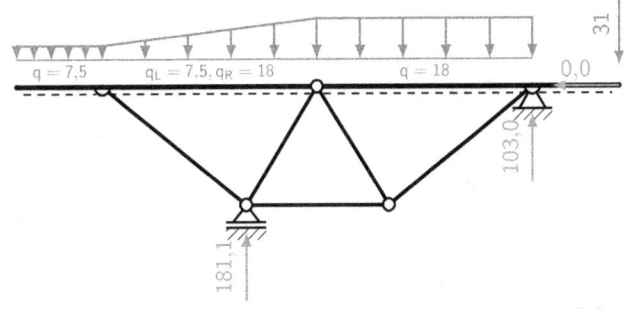

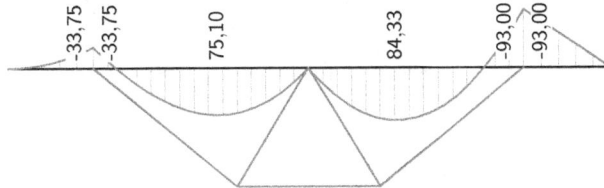

M

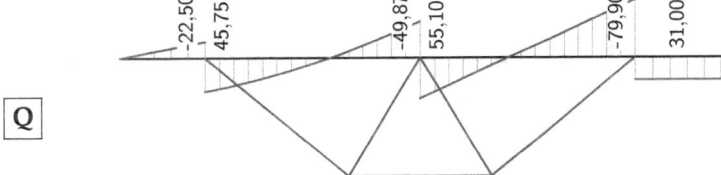

Q

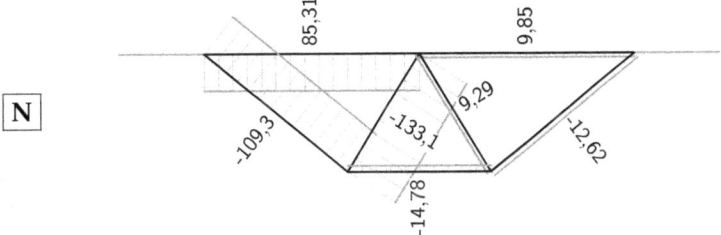

N

System 011

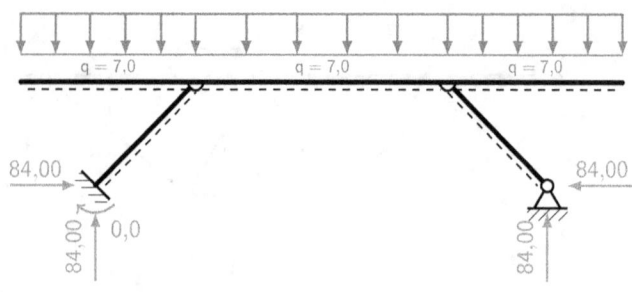

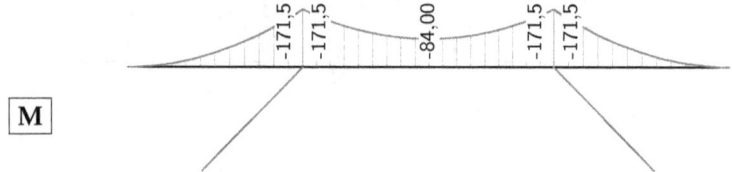

M

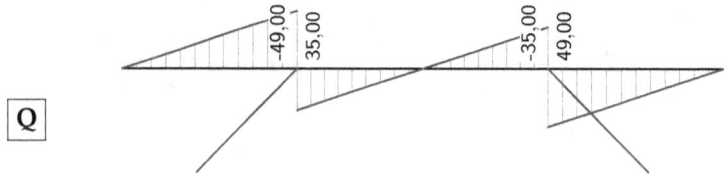

Q

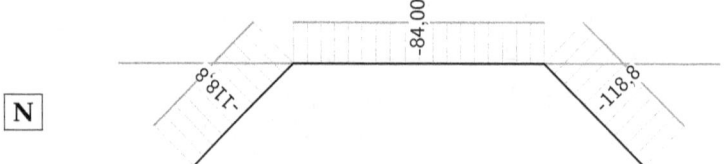

N

System 012

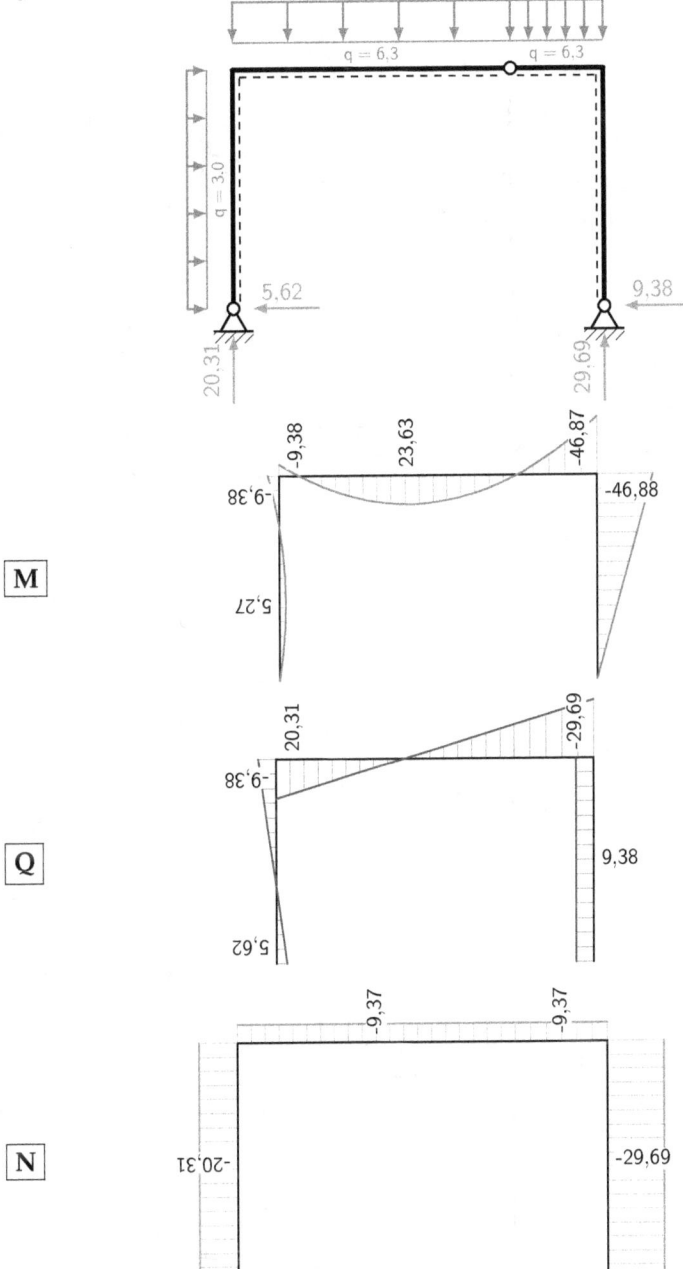

System 013

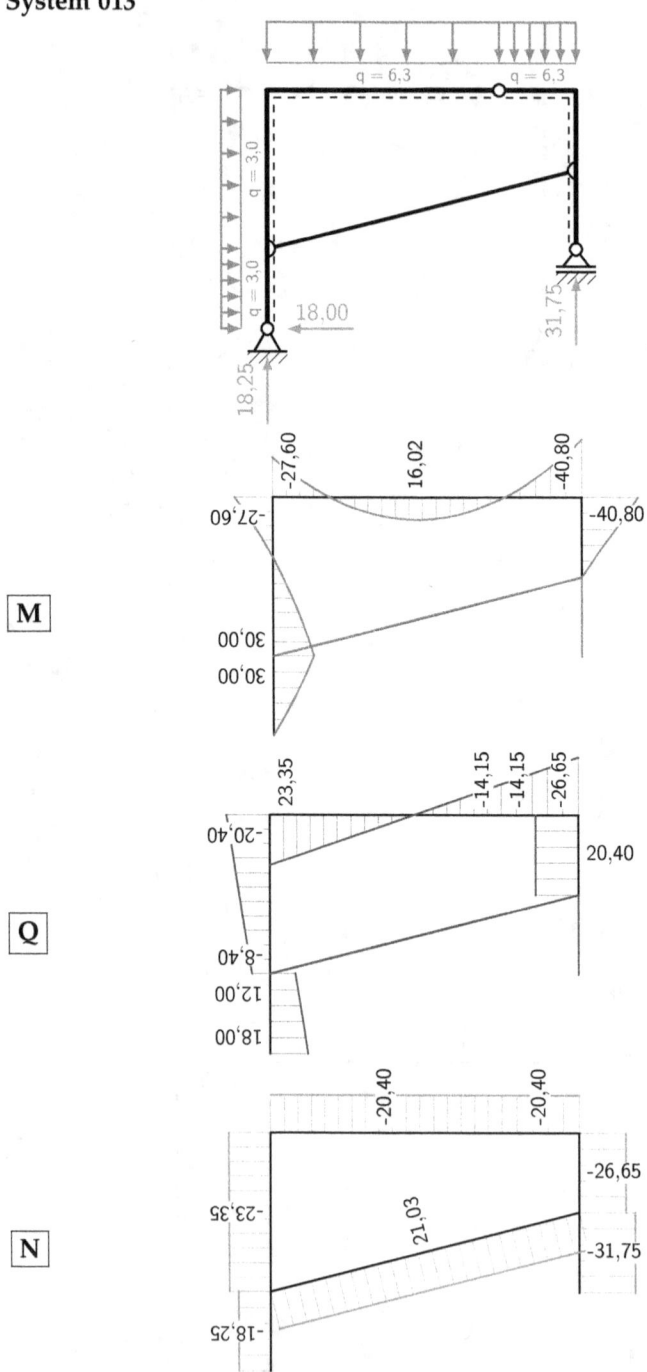

System 014

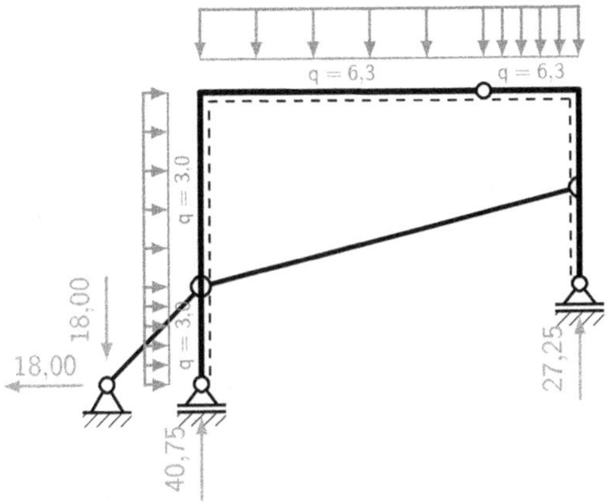

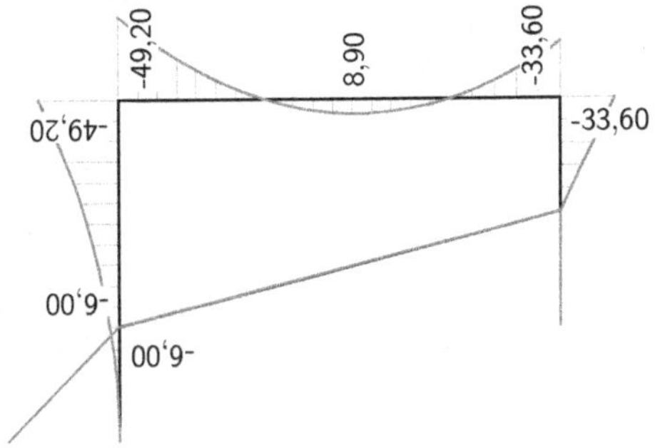

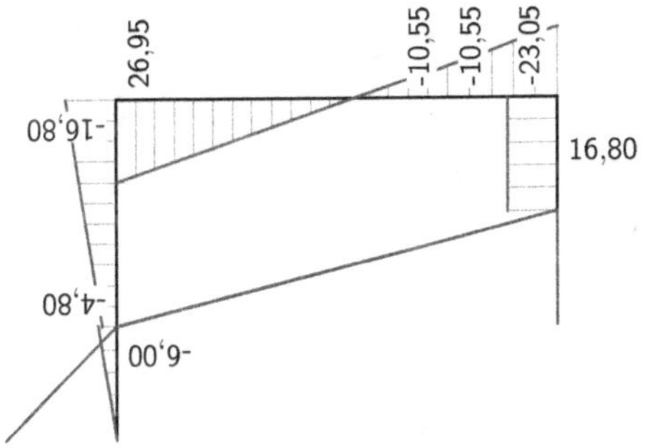

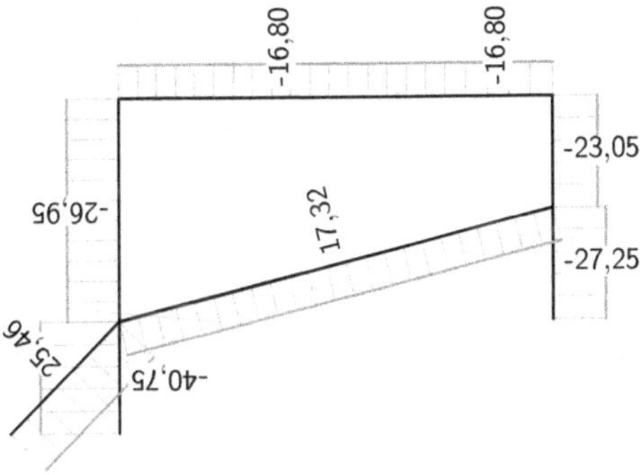

System 015

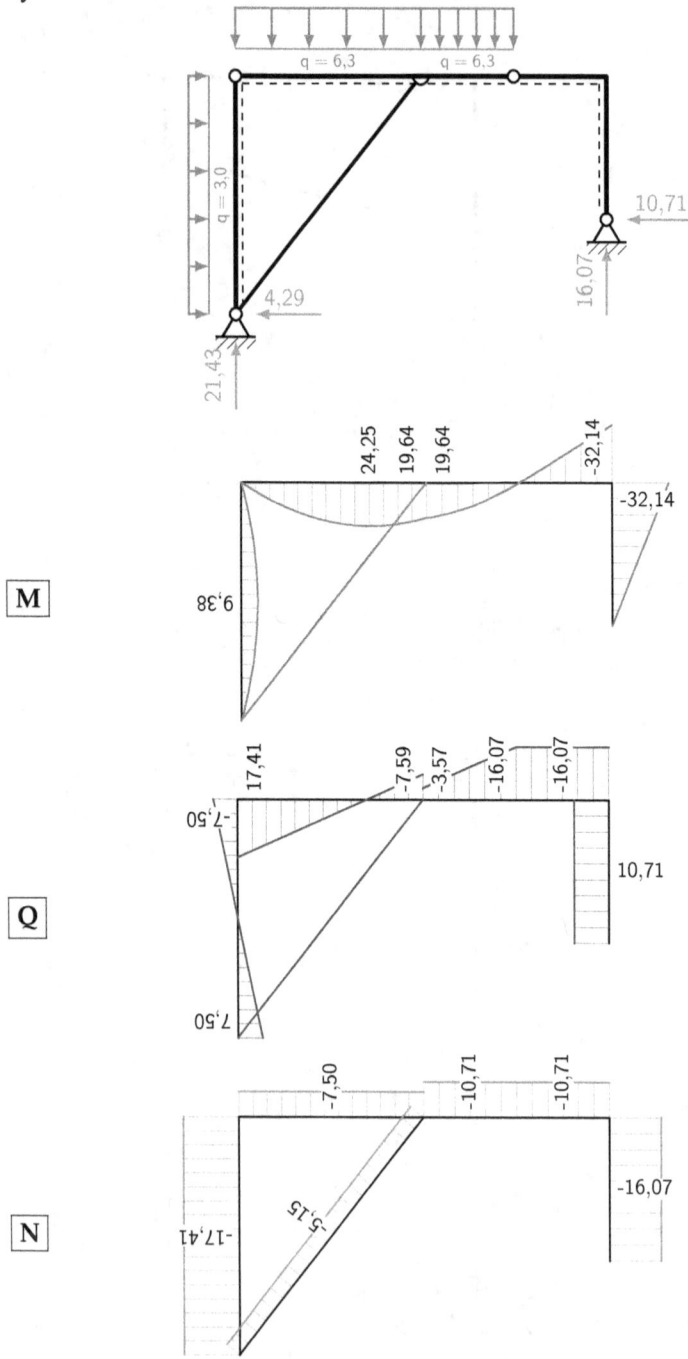

System 016

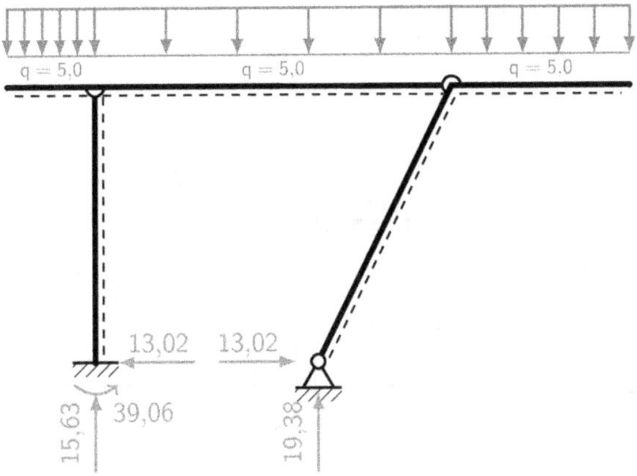

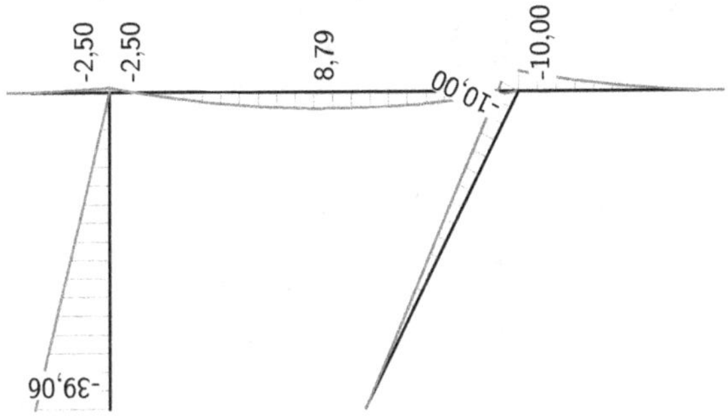

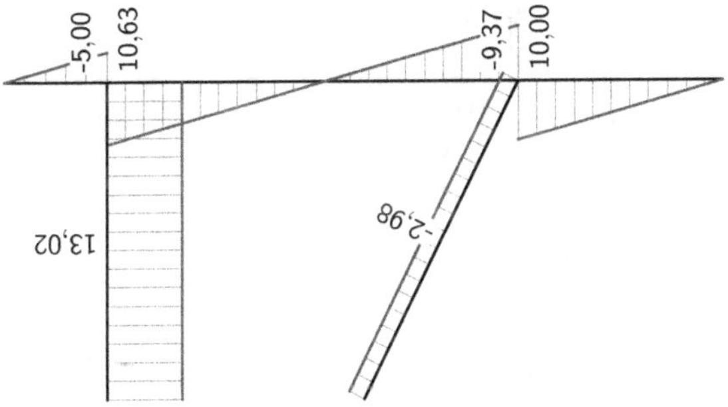

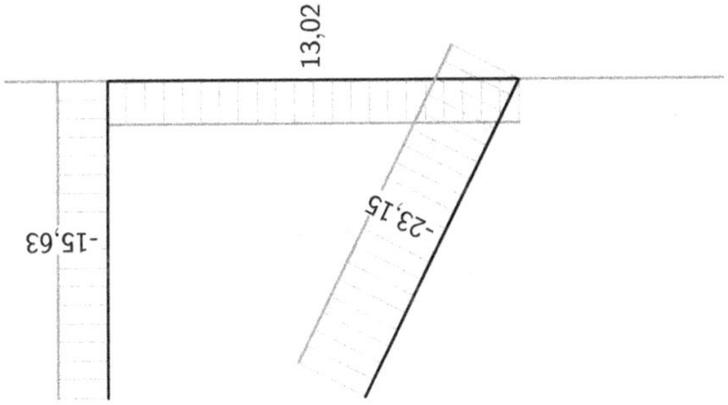

System 017

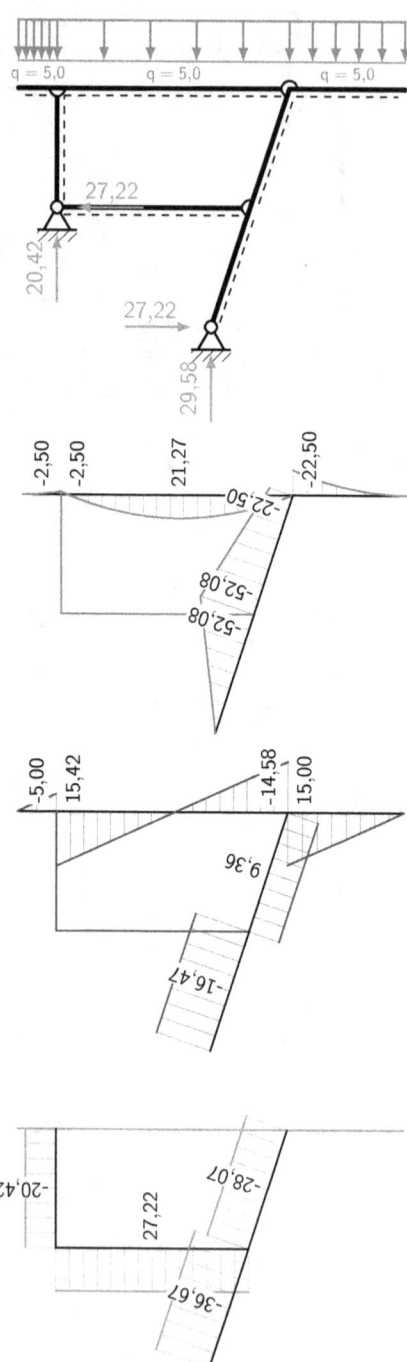

System 018

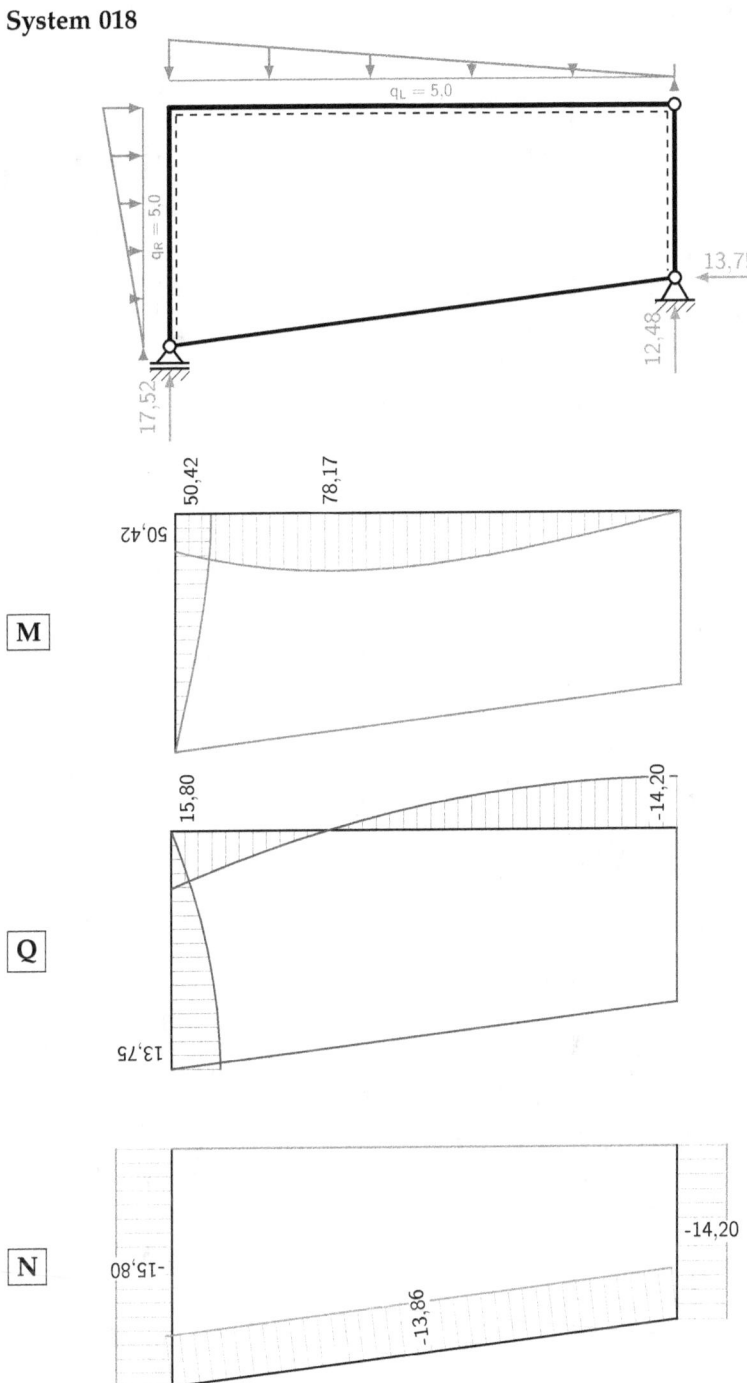

System 019

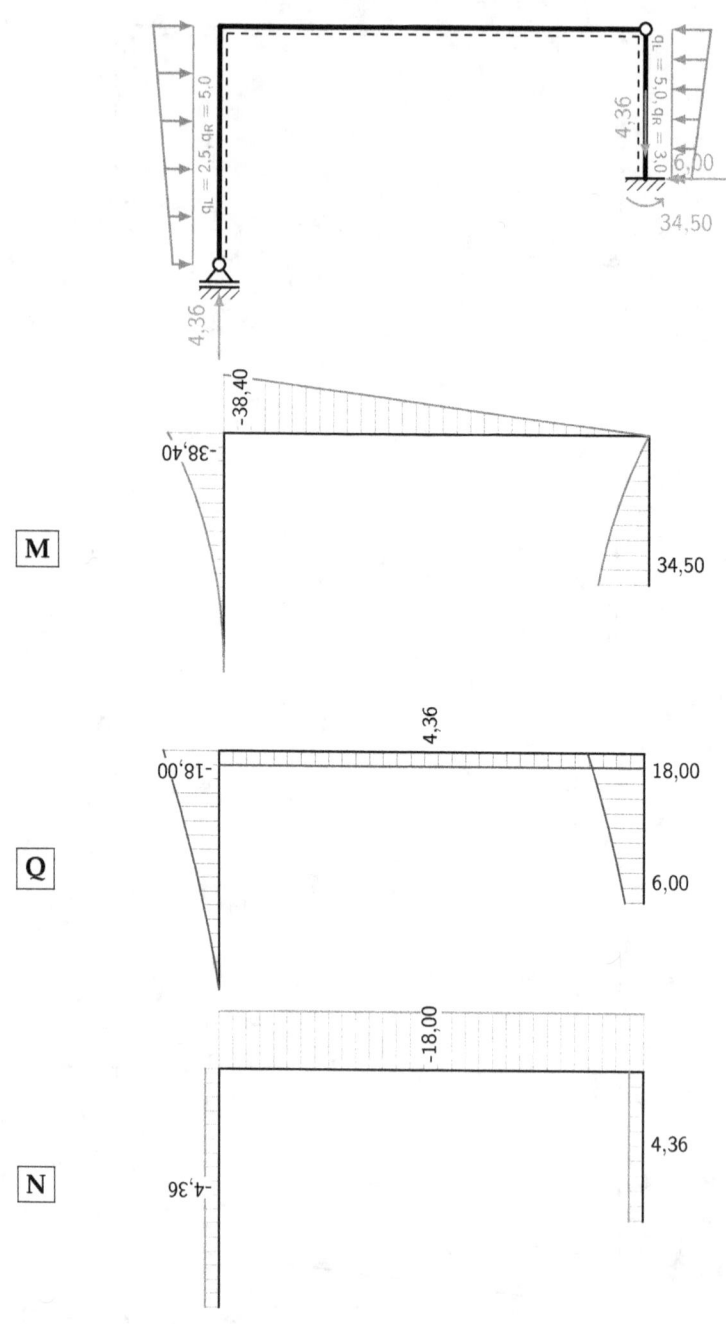

System 020

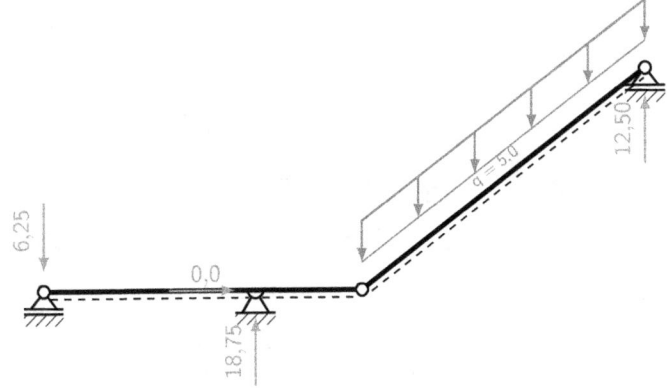

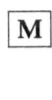 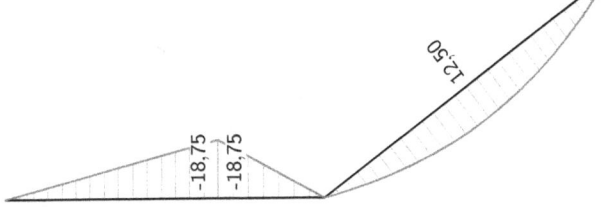

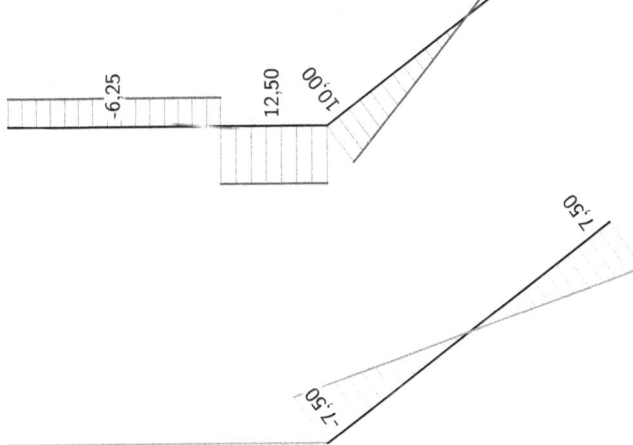

System 021

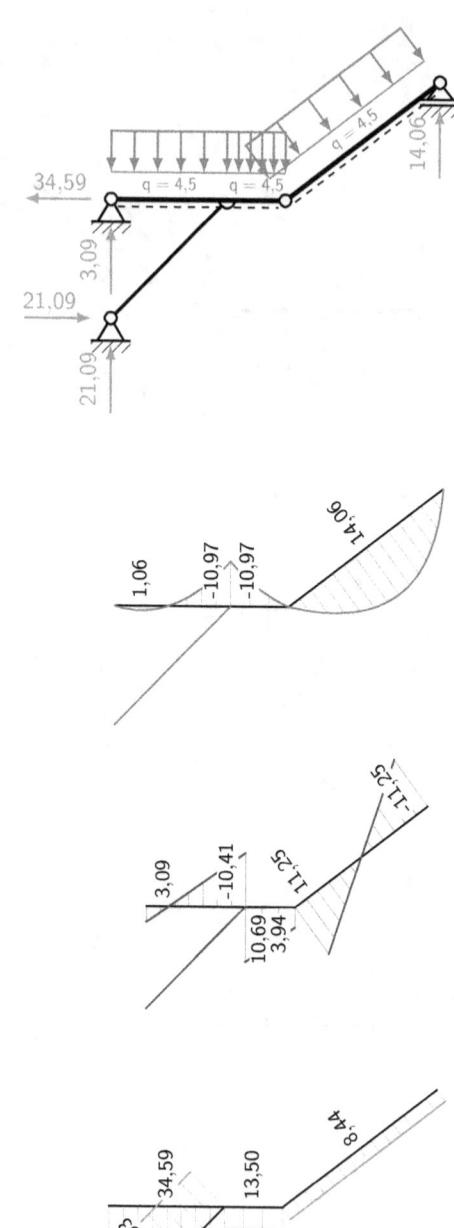

System 022

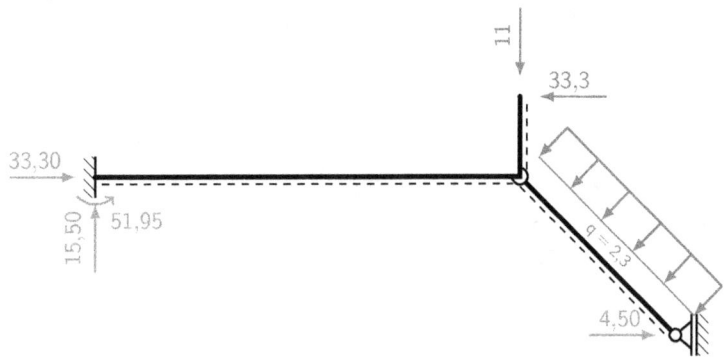

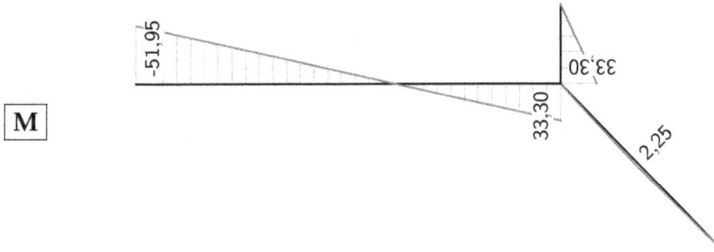

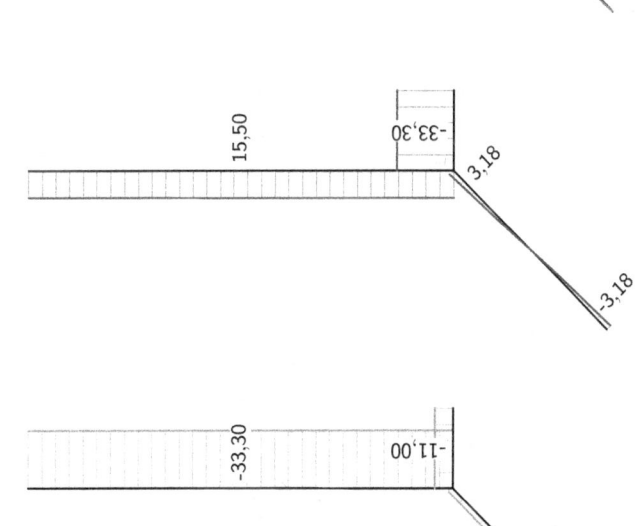

System 023

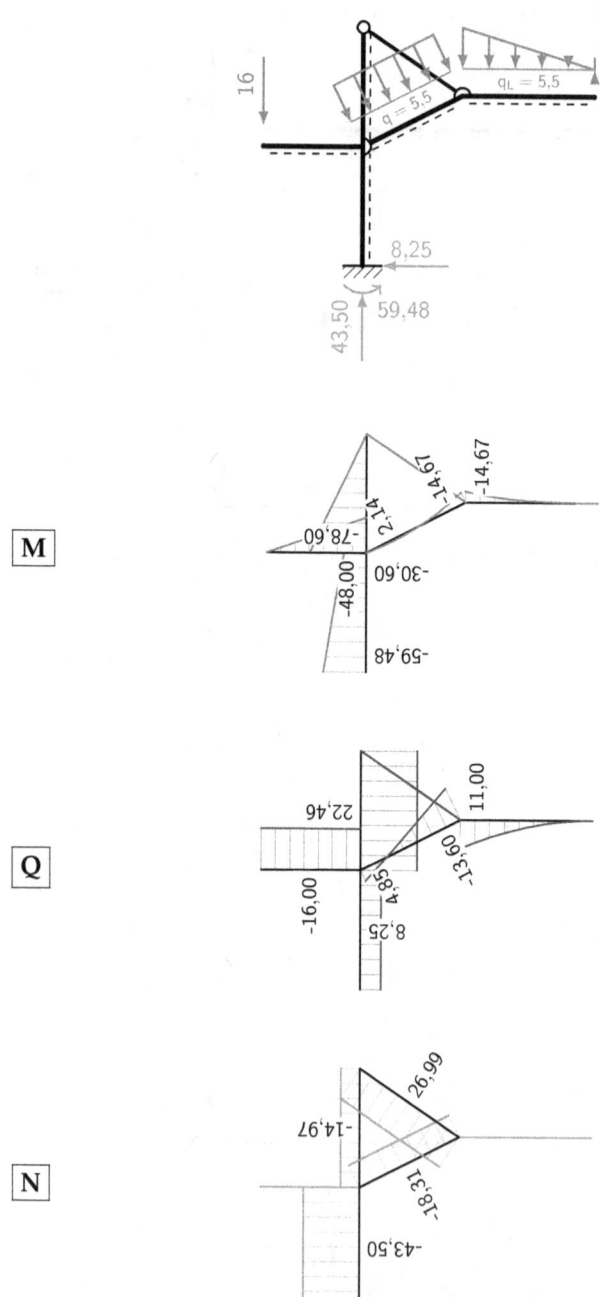

System 024

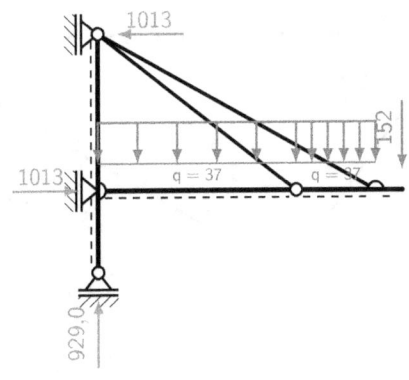

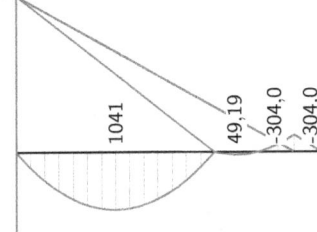

M

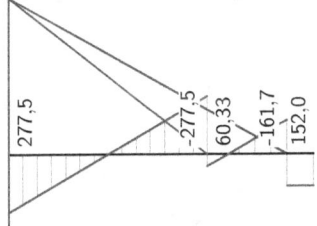

Q

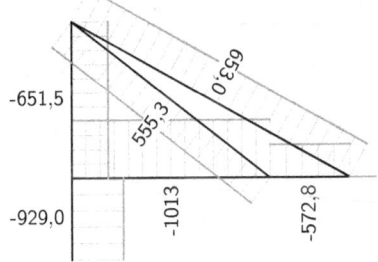

N

System 025

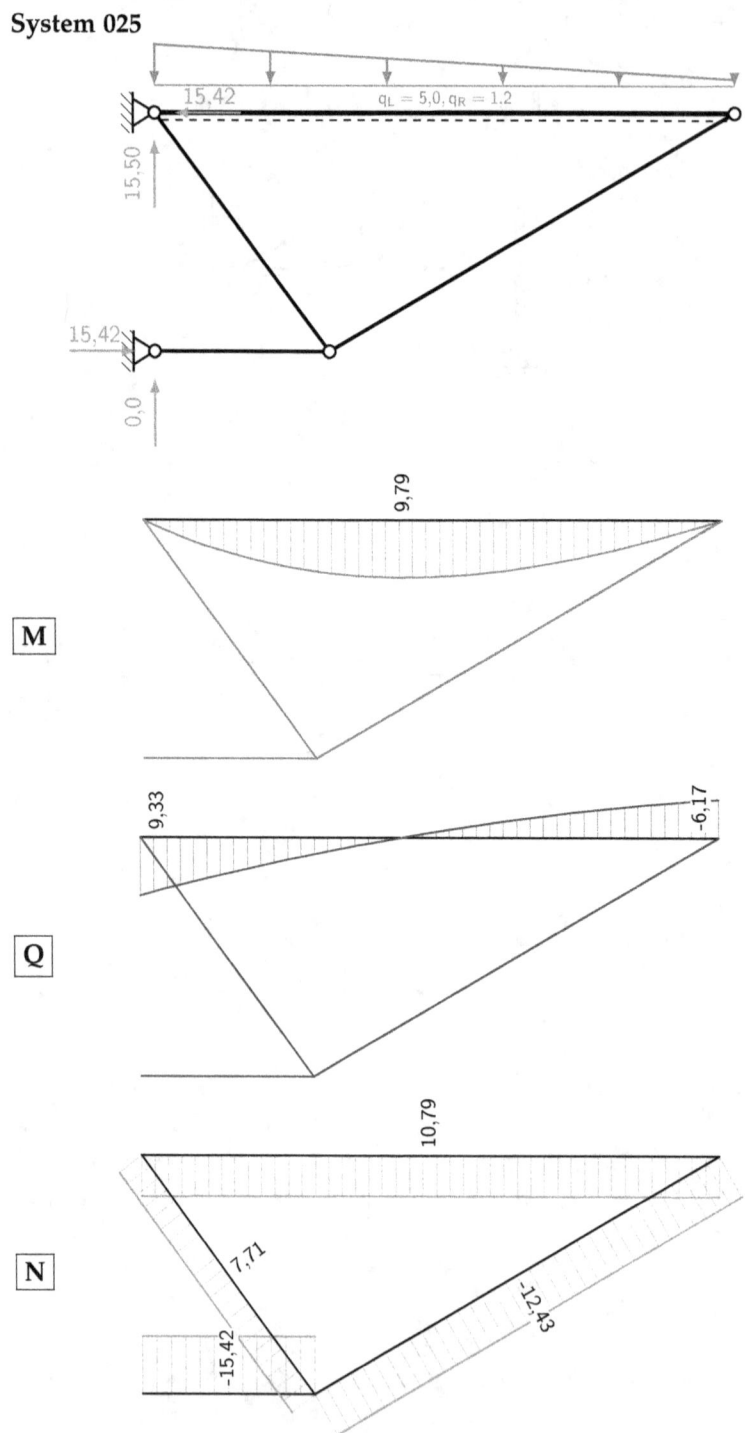

System 026

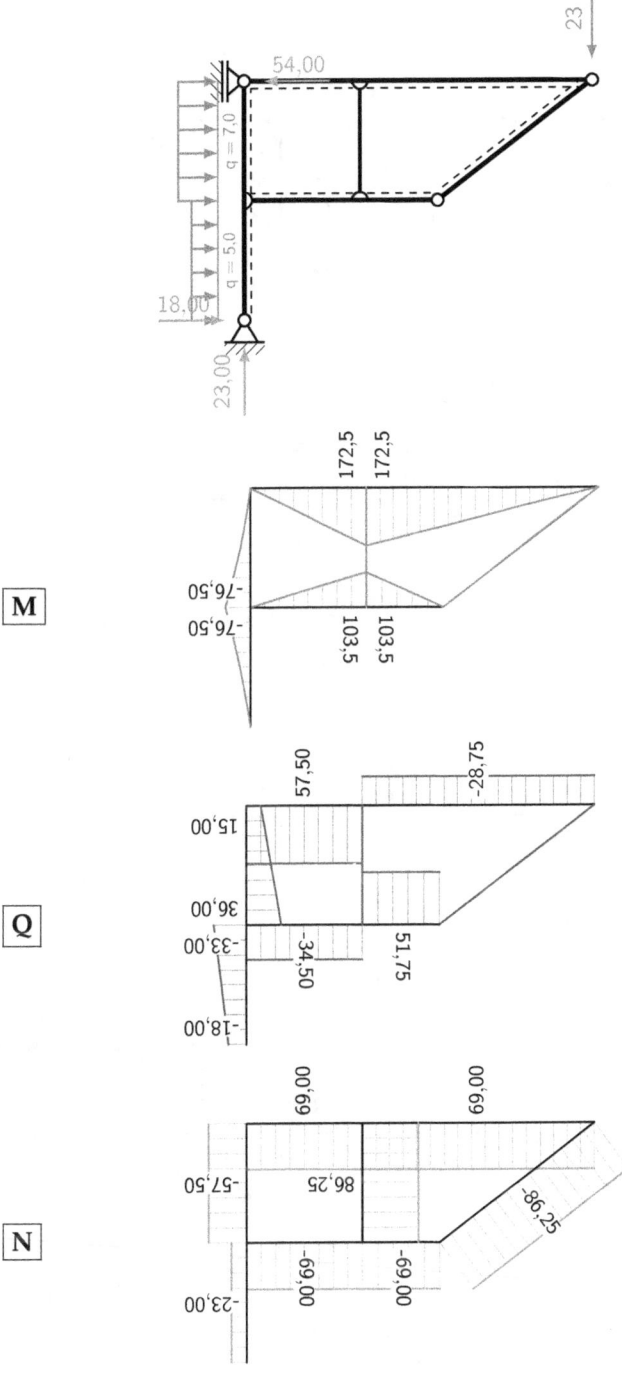

System 027

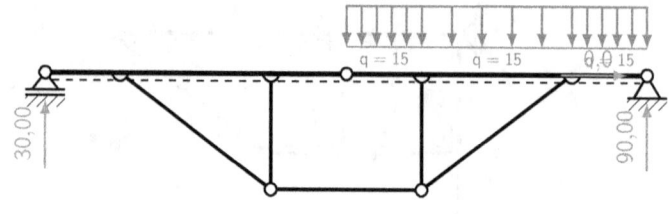

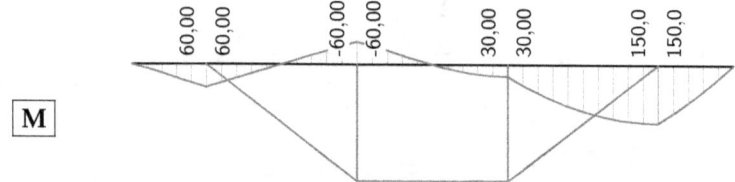

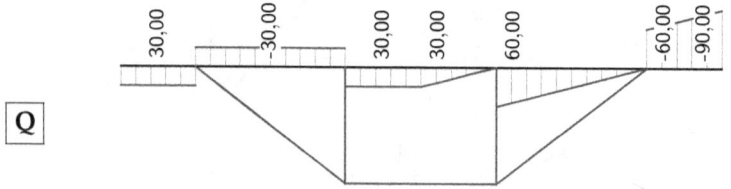

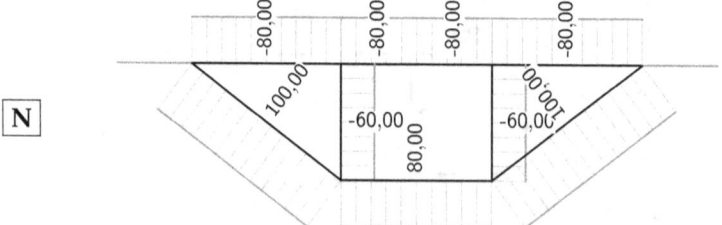

System 028

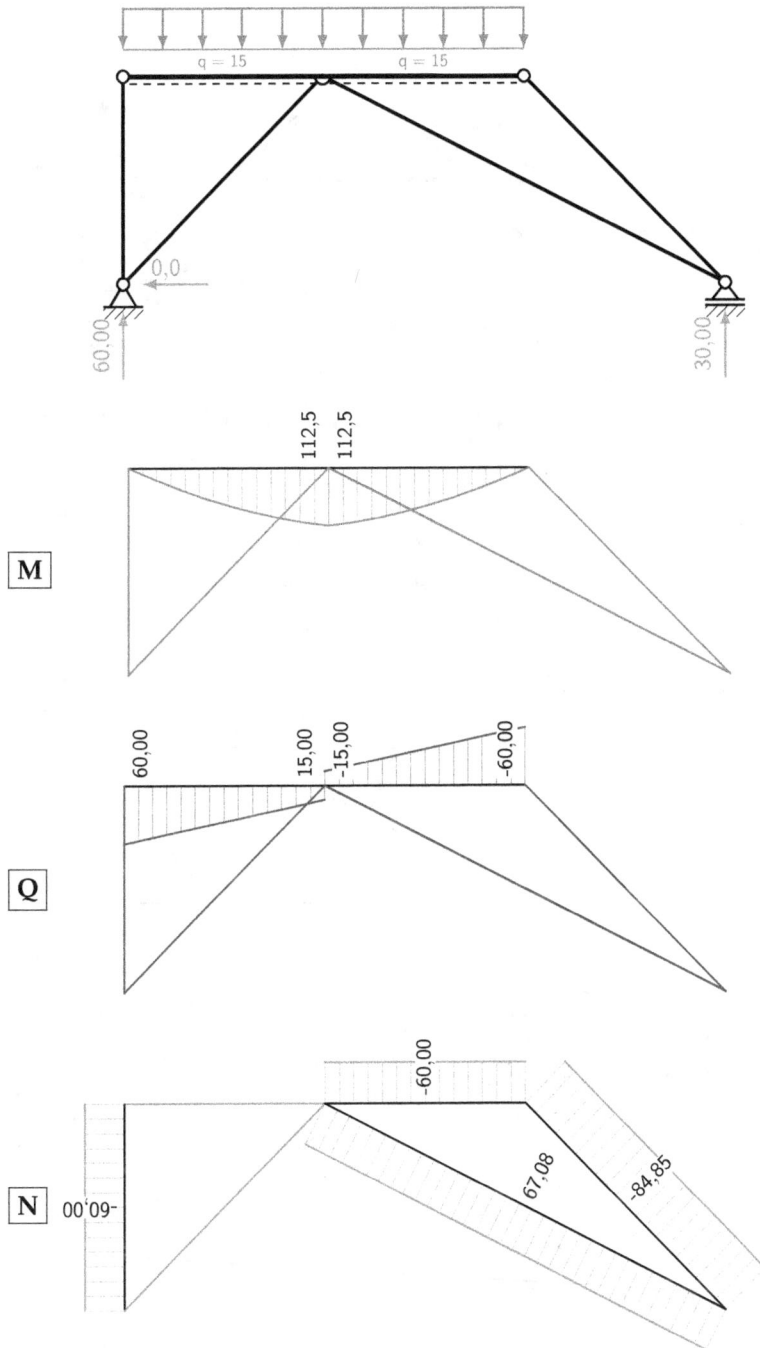

System 029

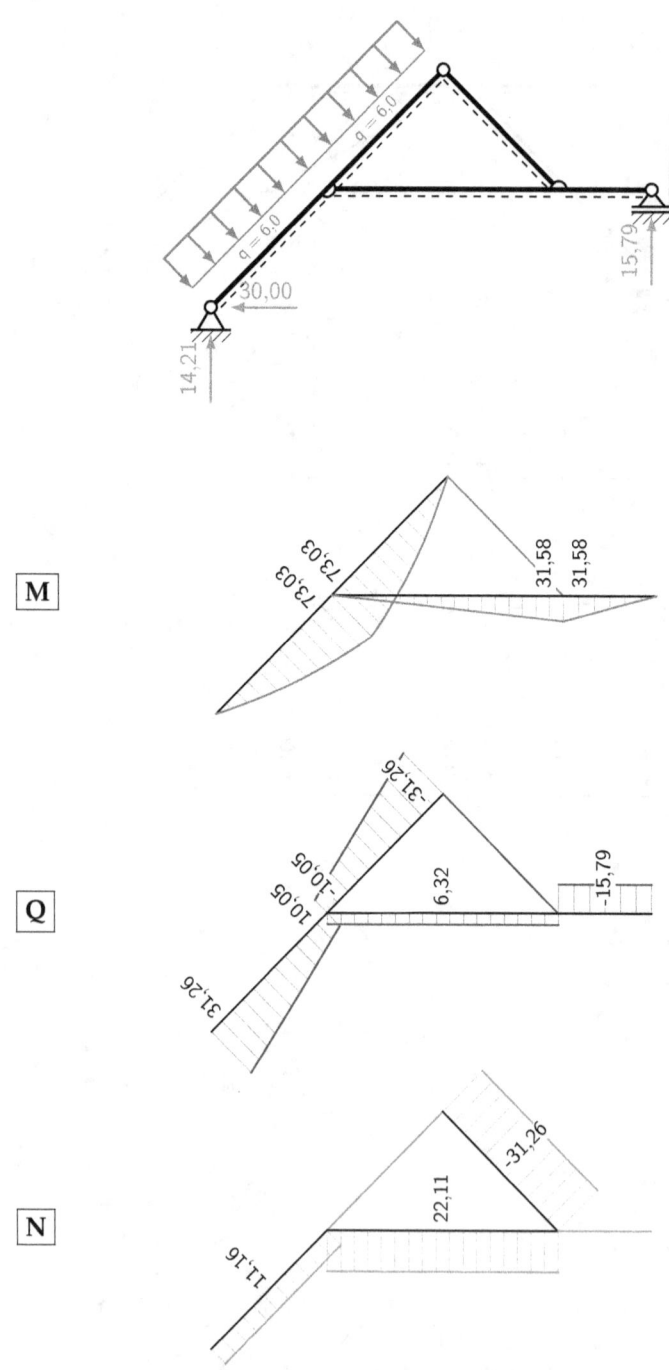

System 030

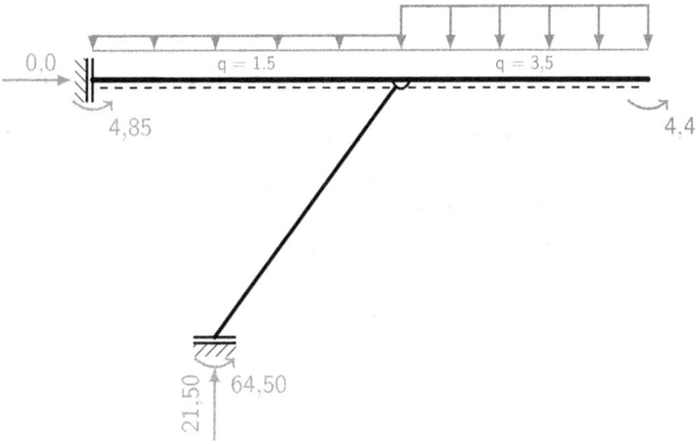

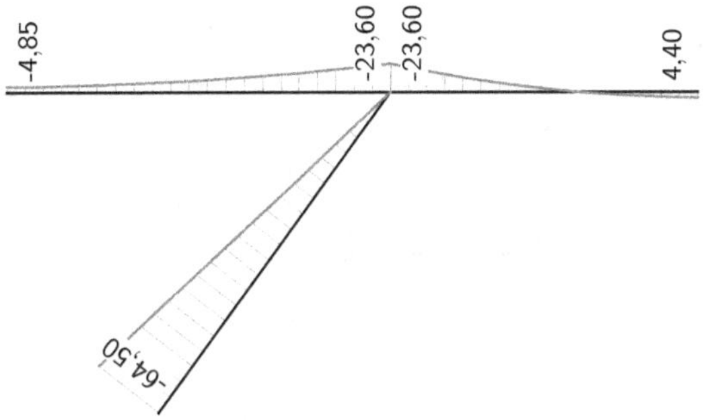

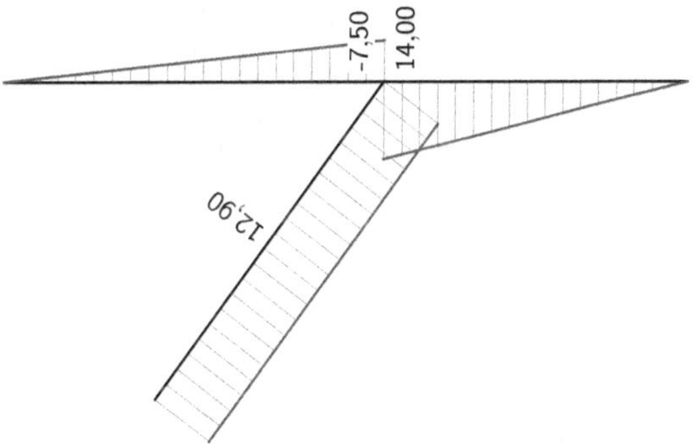

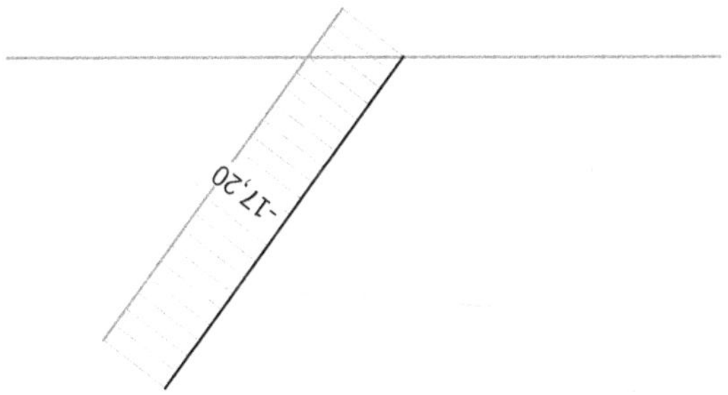

System 031

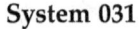

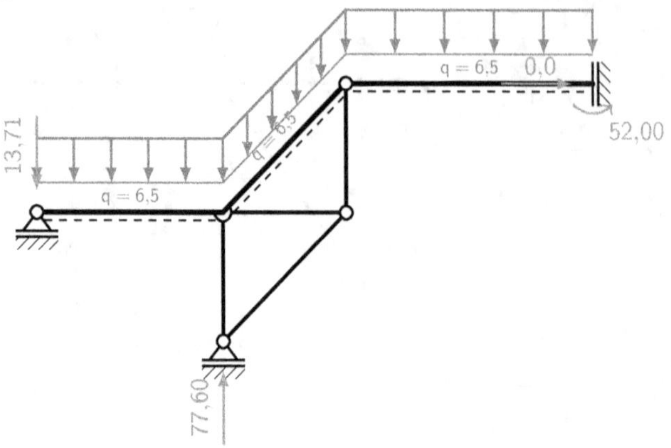

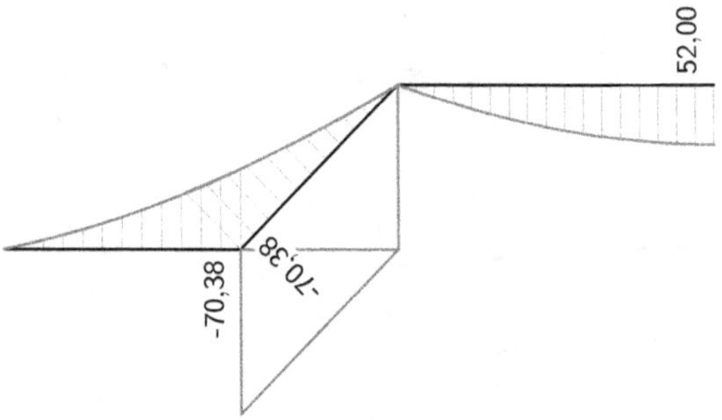

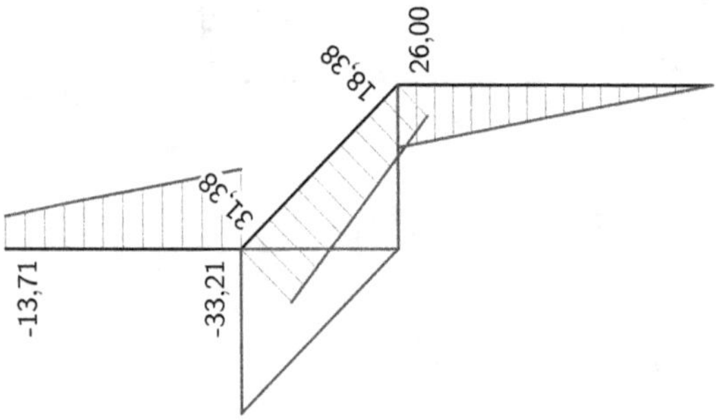

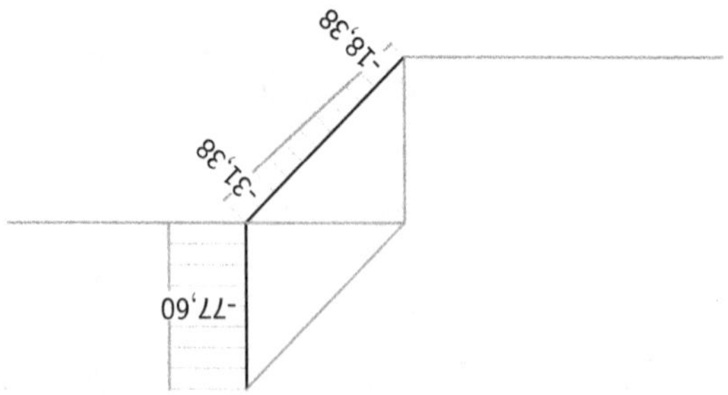

System 032

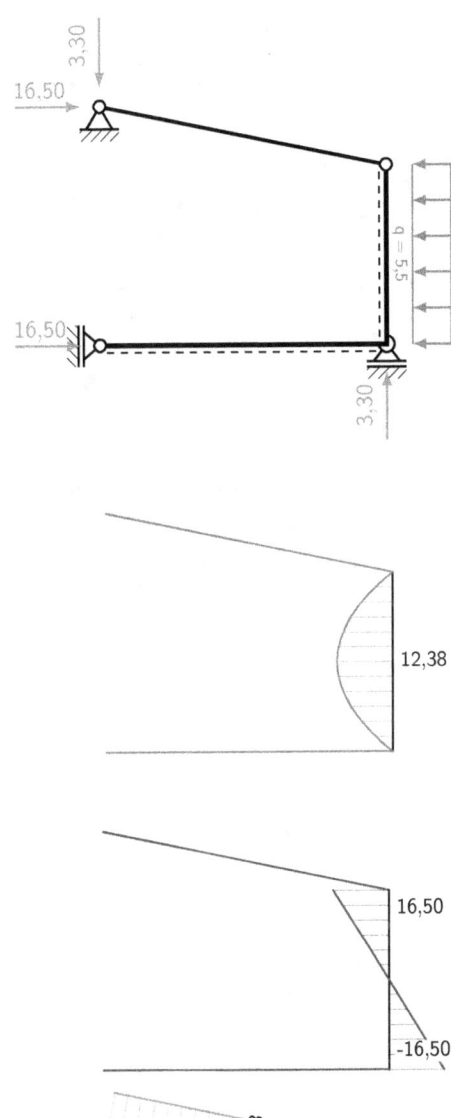

System 033

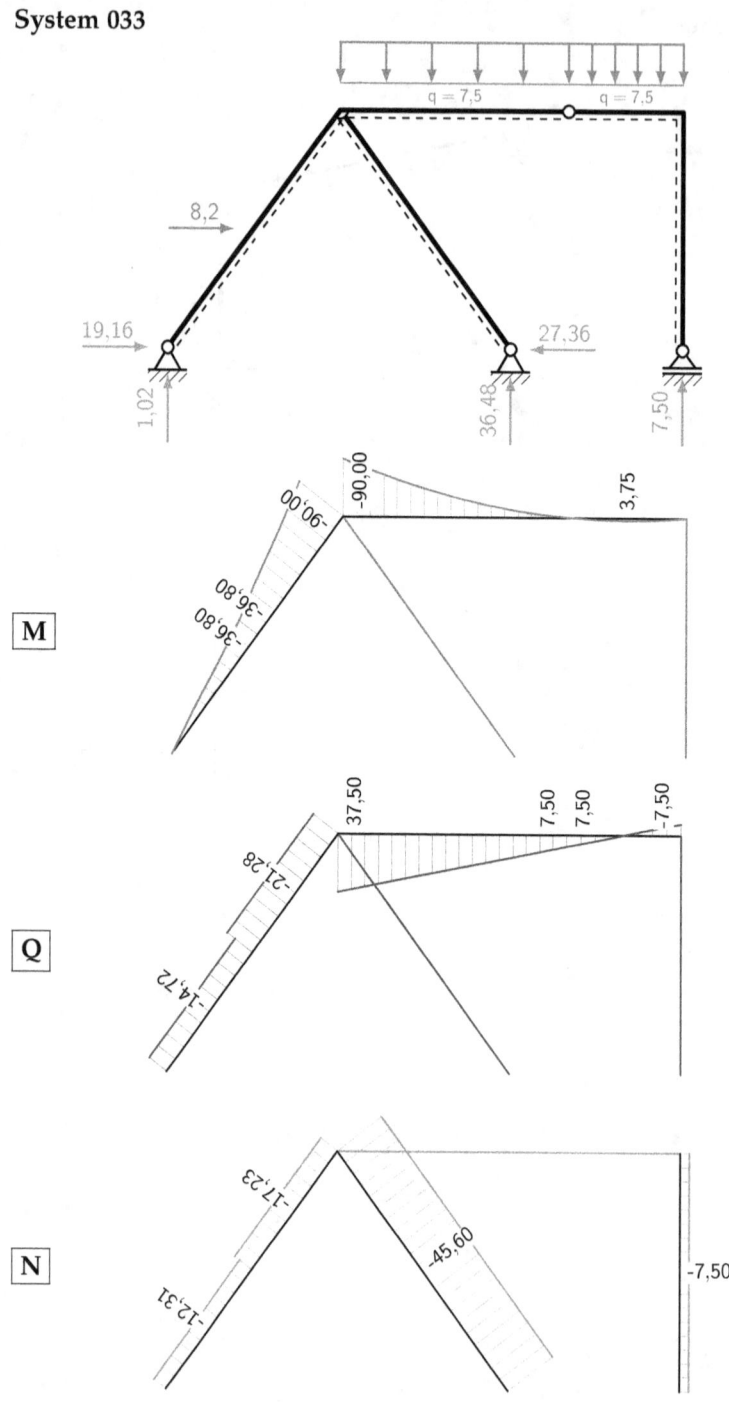

System 034

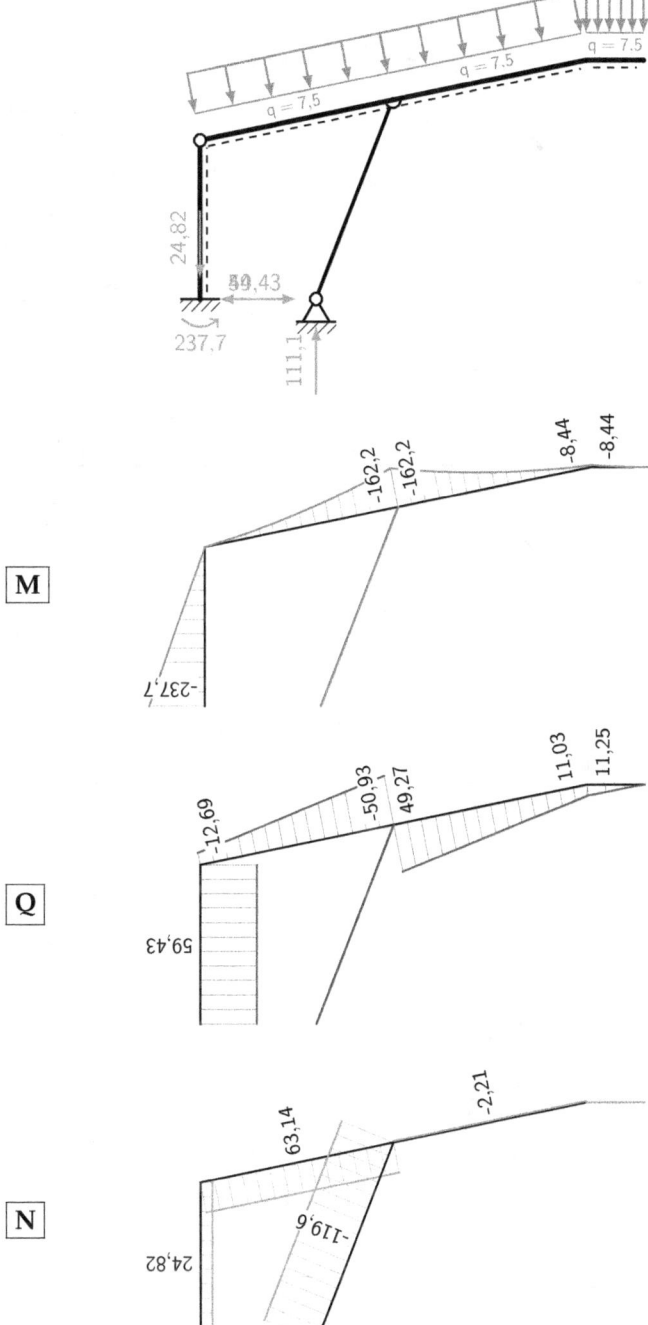

System 035

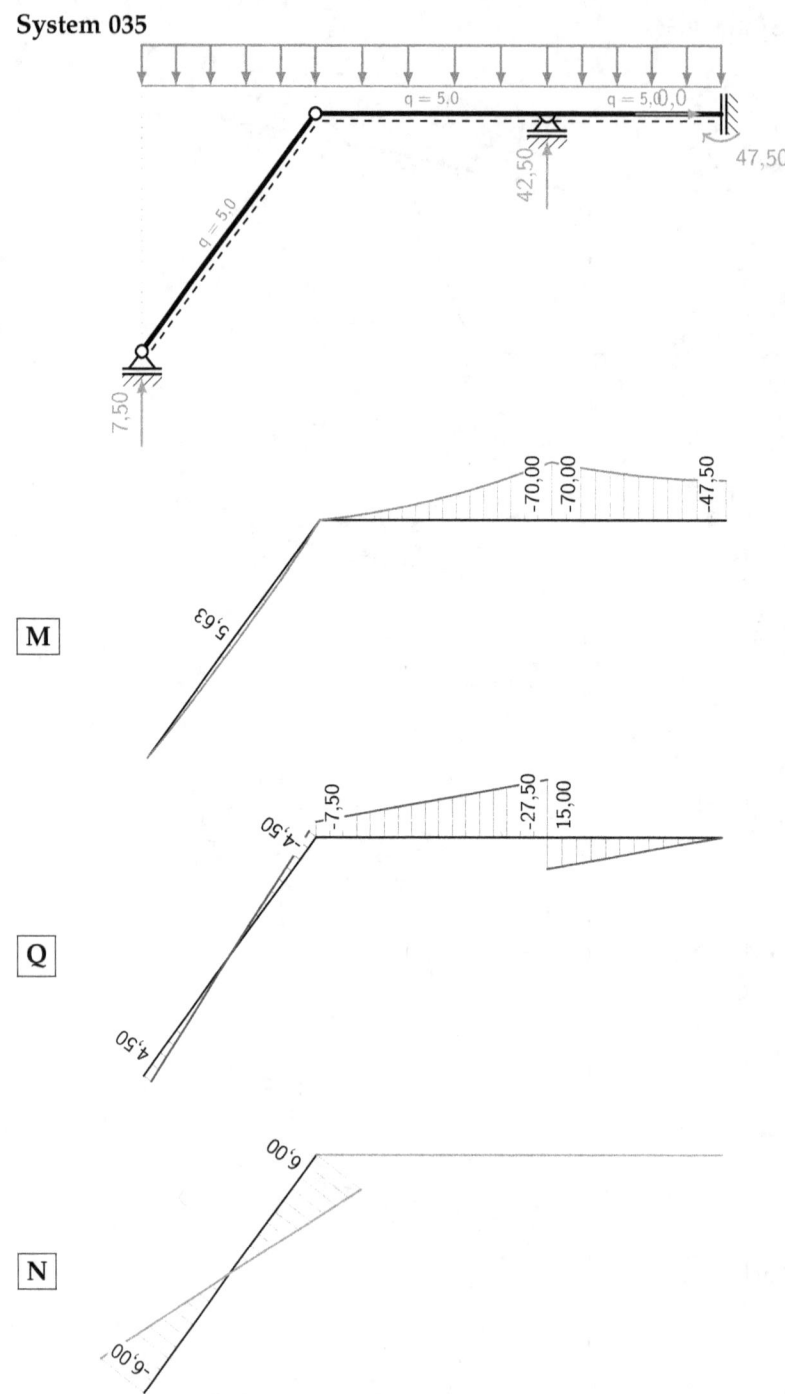

System 036

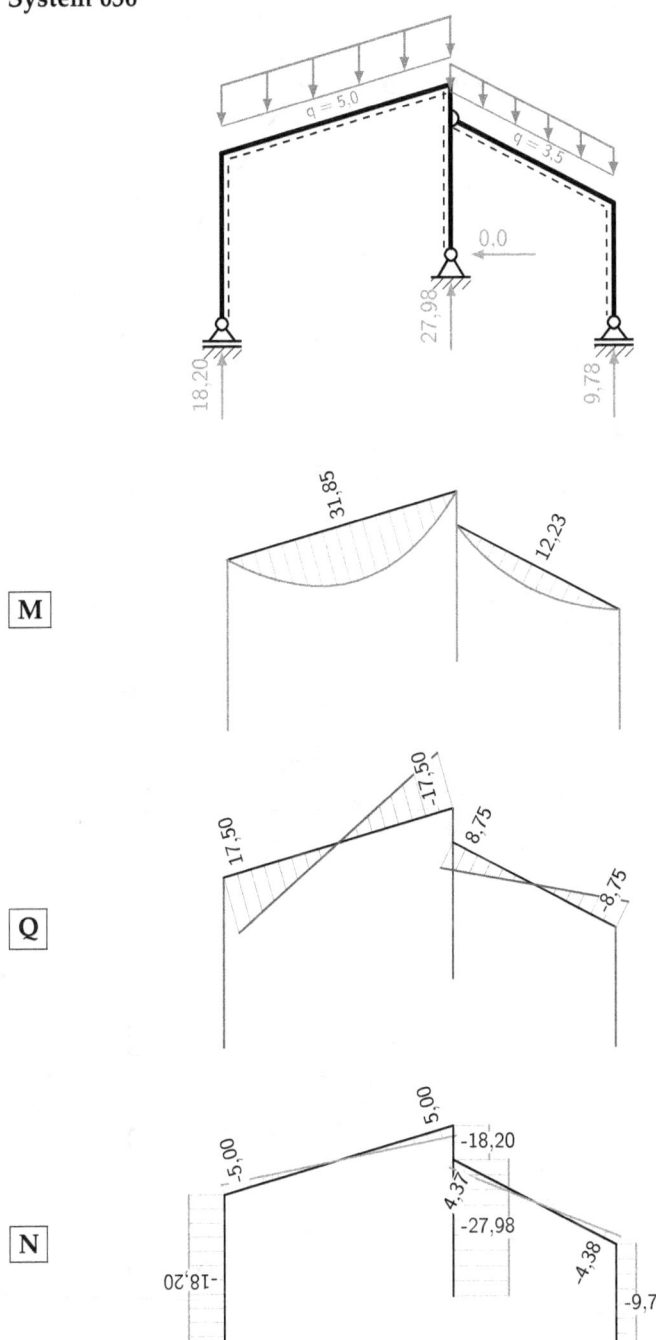

System 037

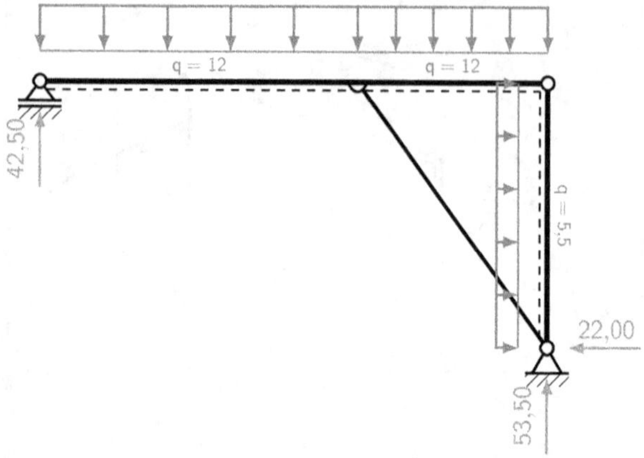

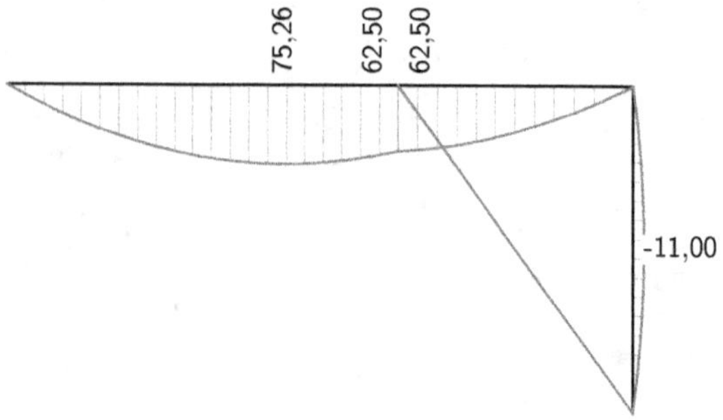

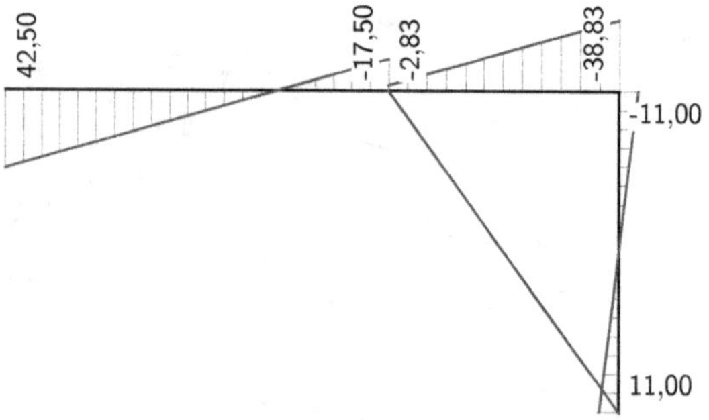

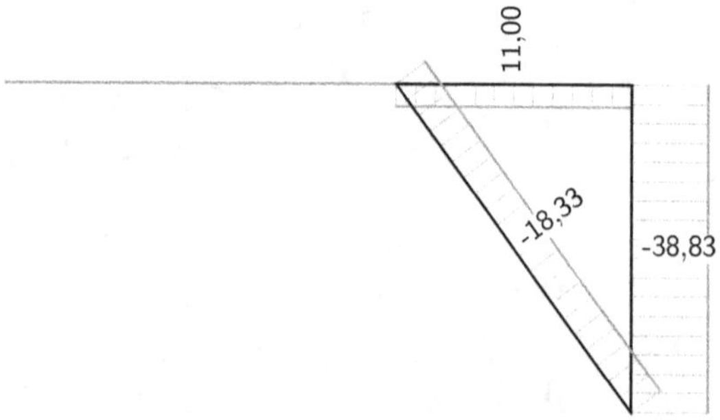

System 038

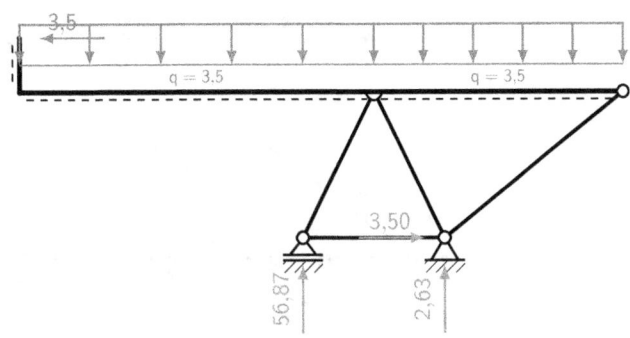

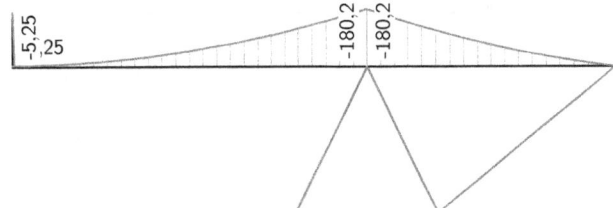

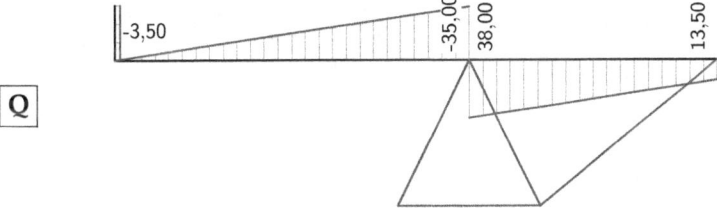

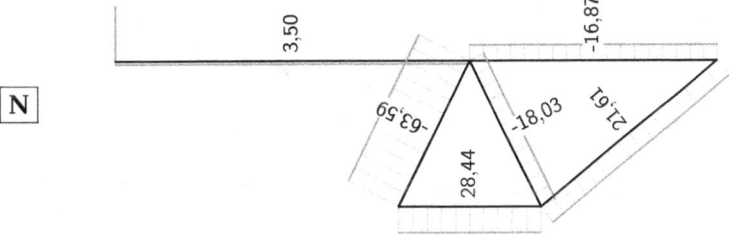

System 039

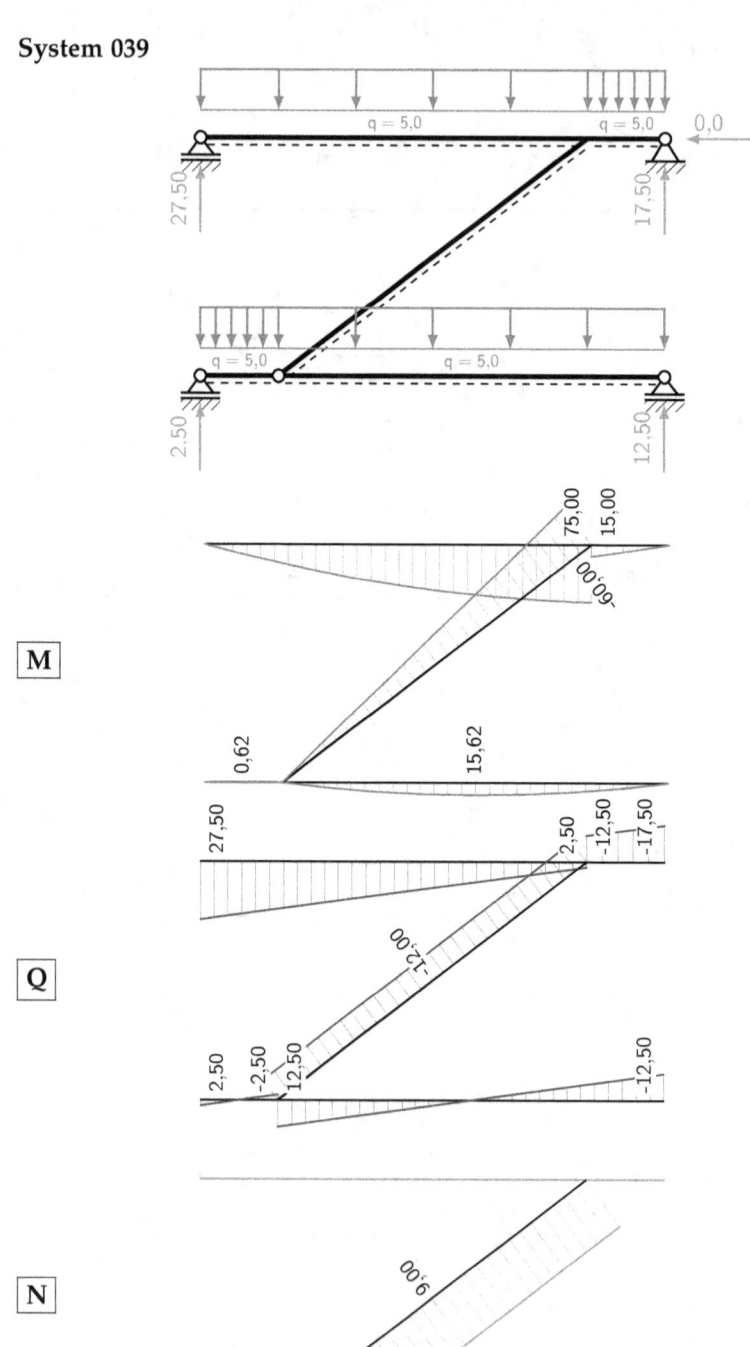

System 040

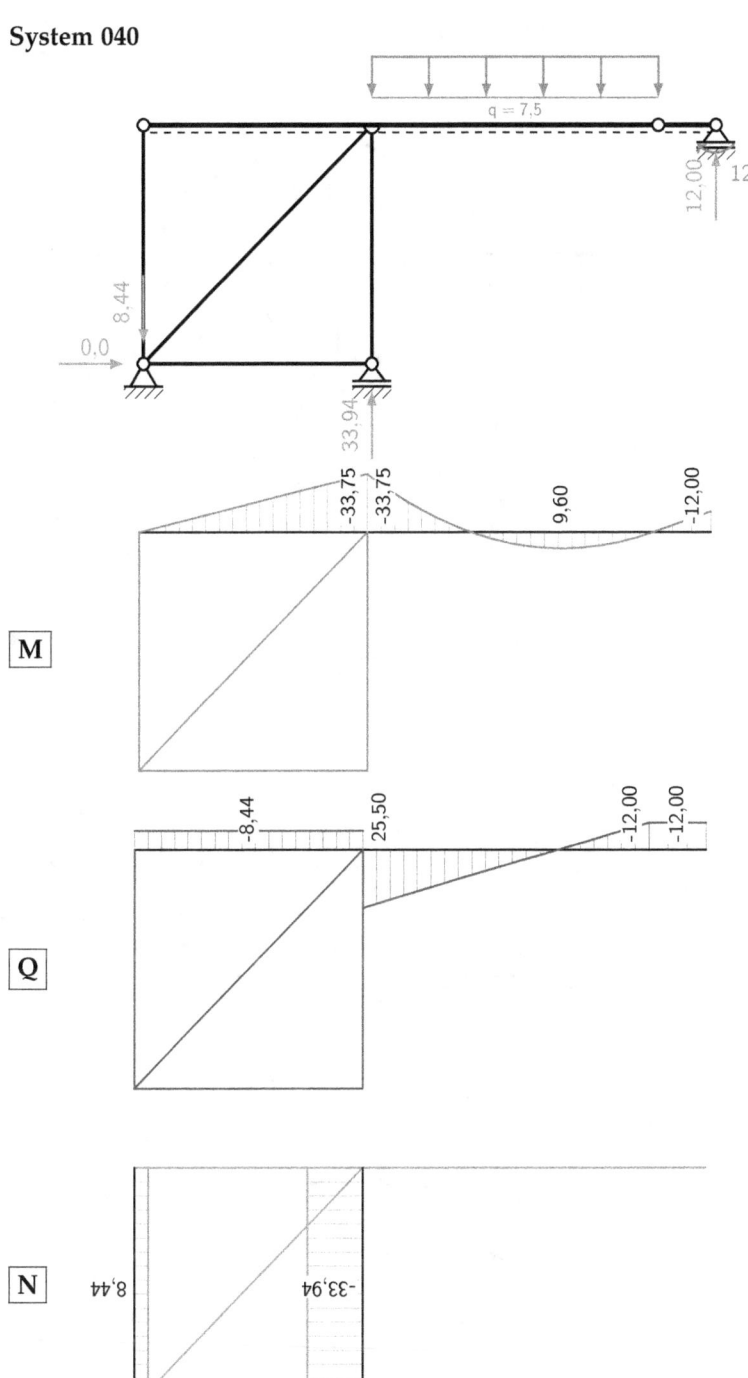

System 041

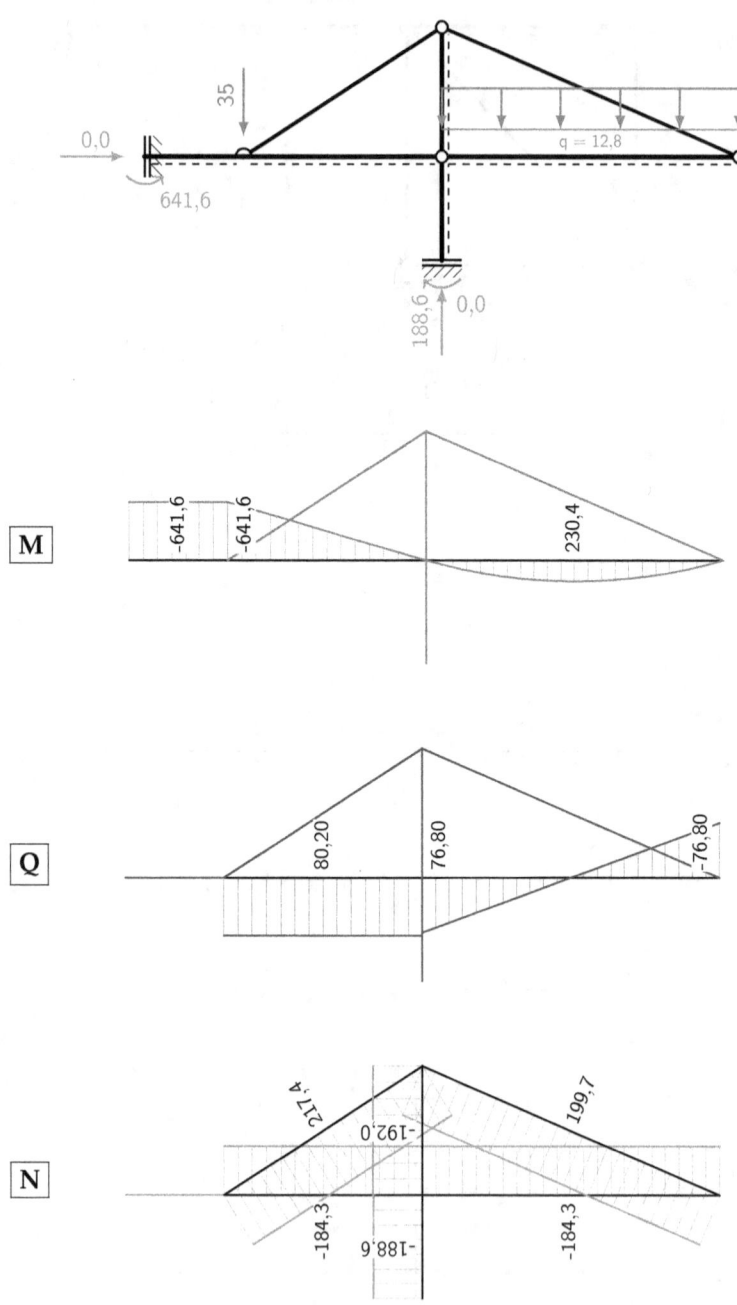

System 042

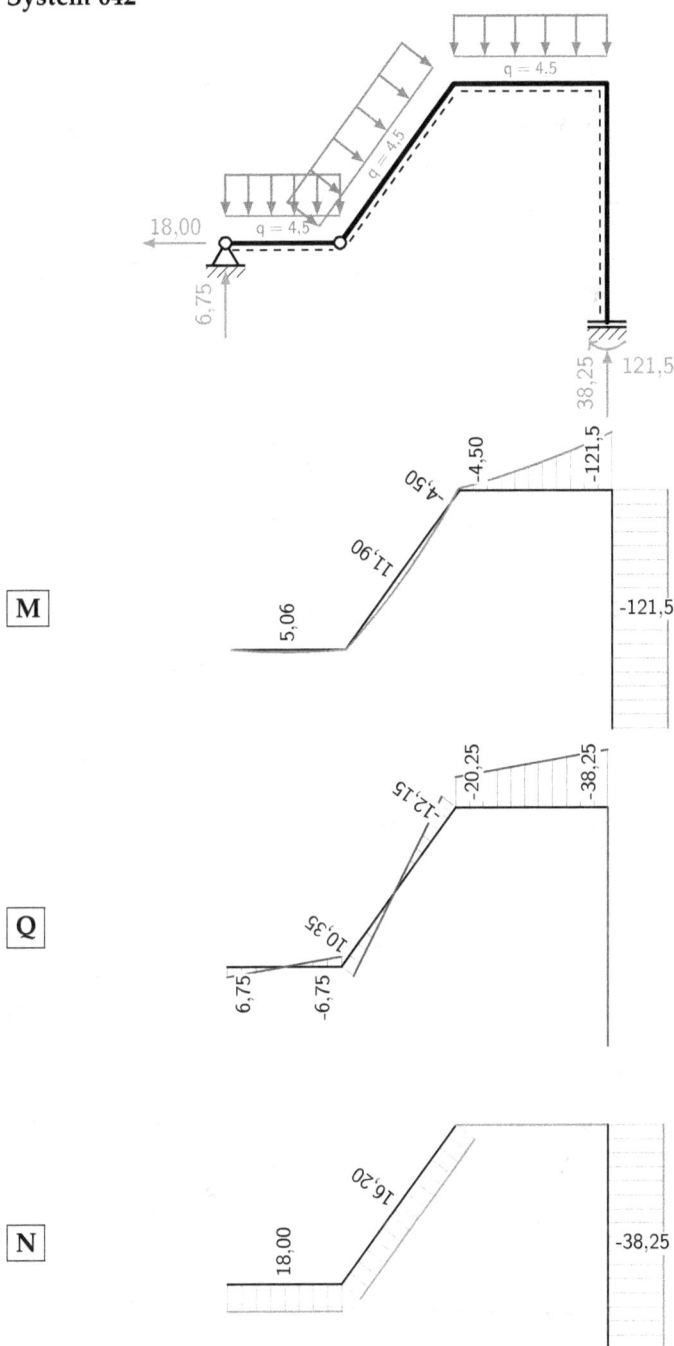

System 043

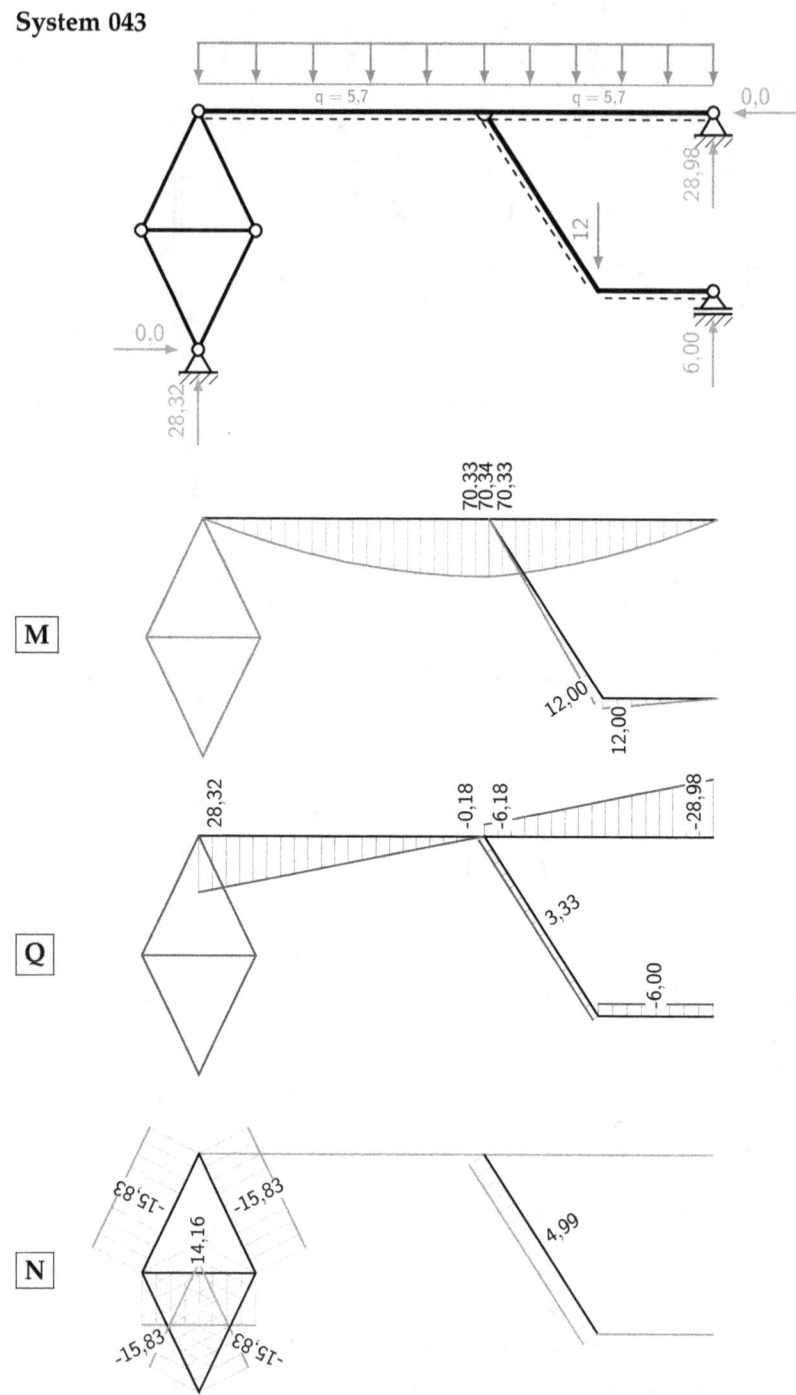

System 044

System 045

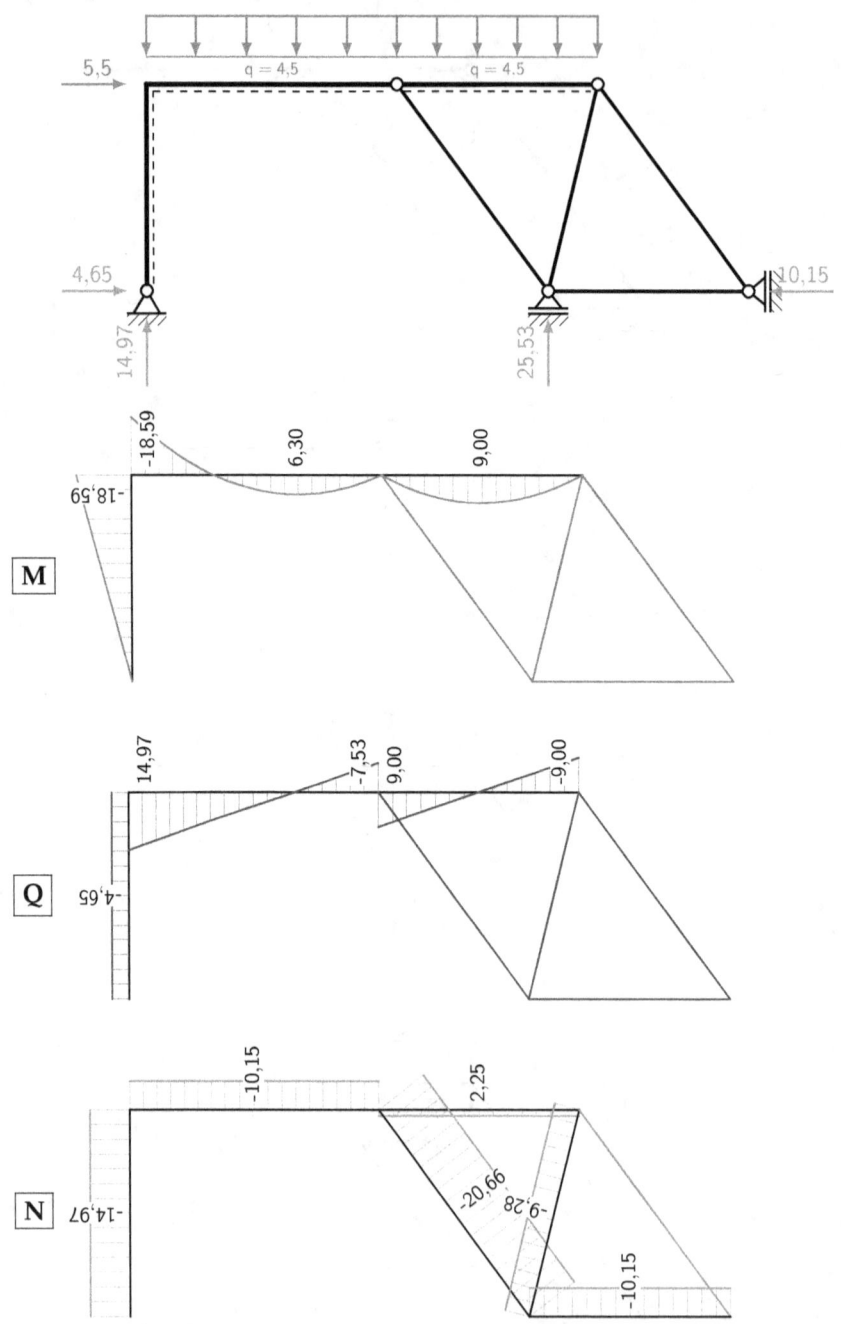

System 046

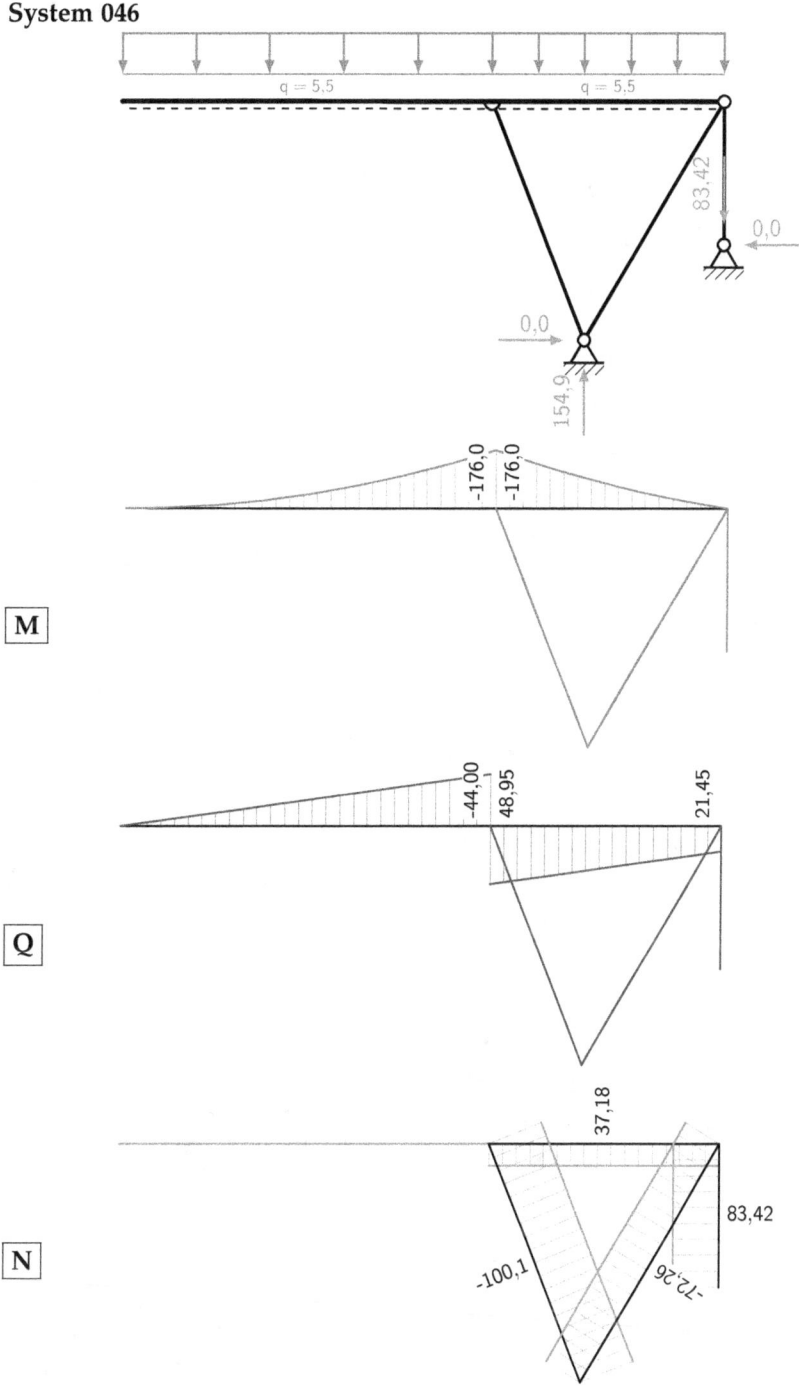

System 047

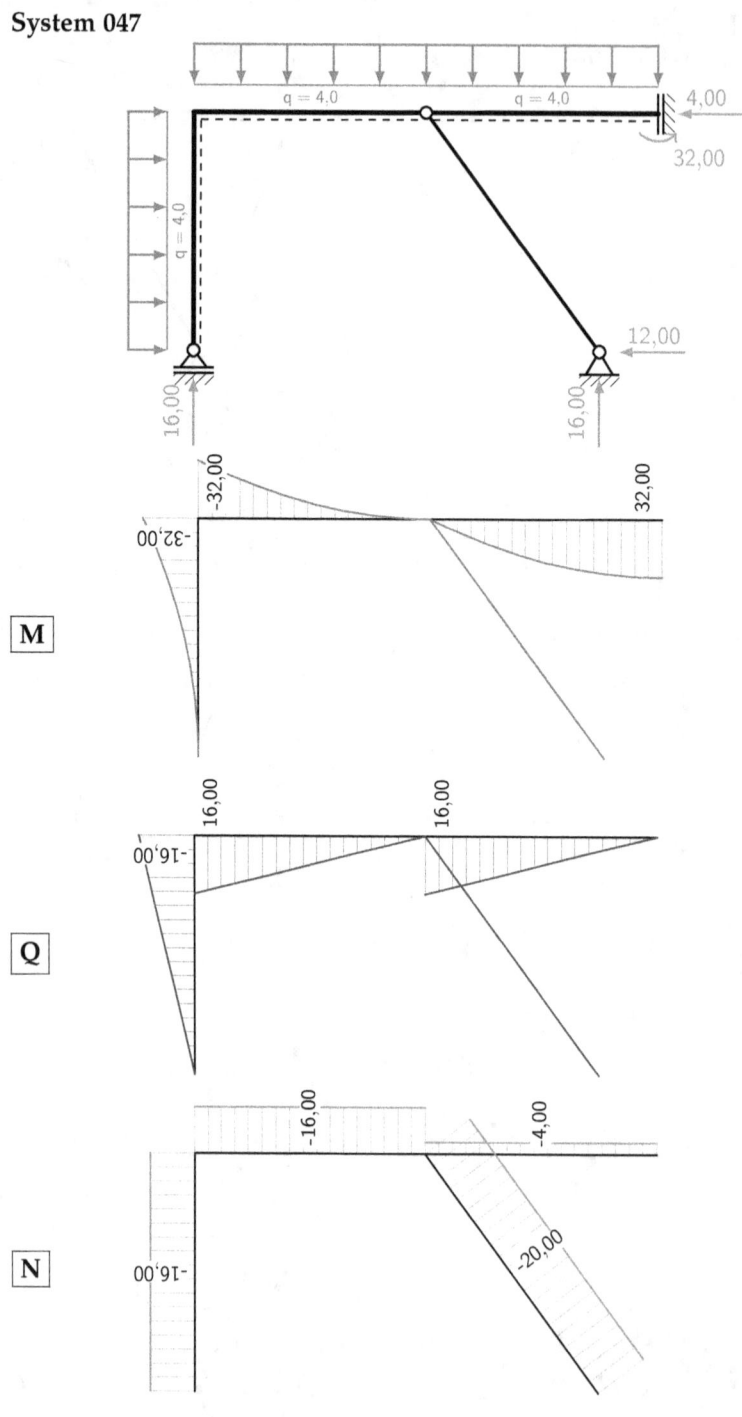

System 048

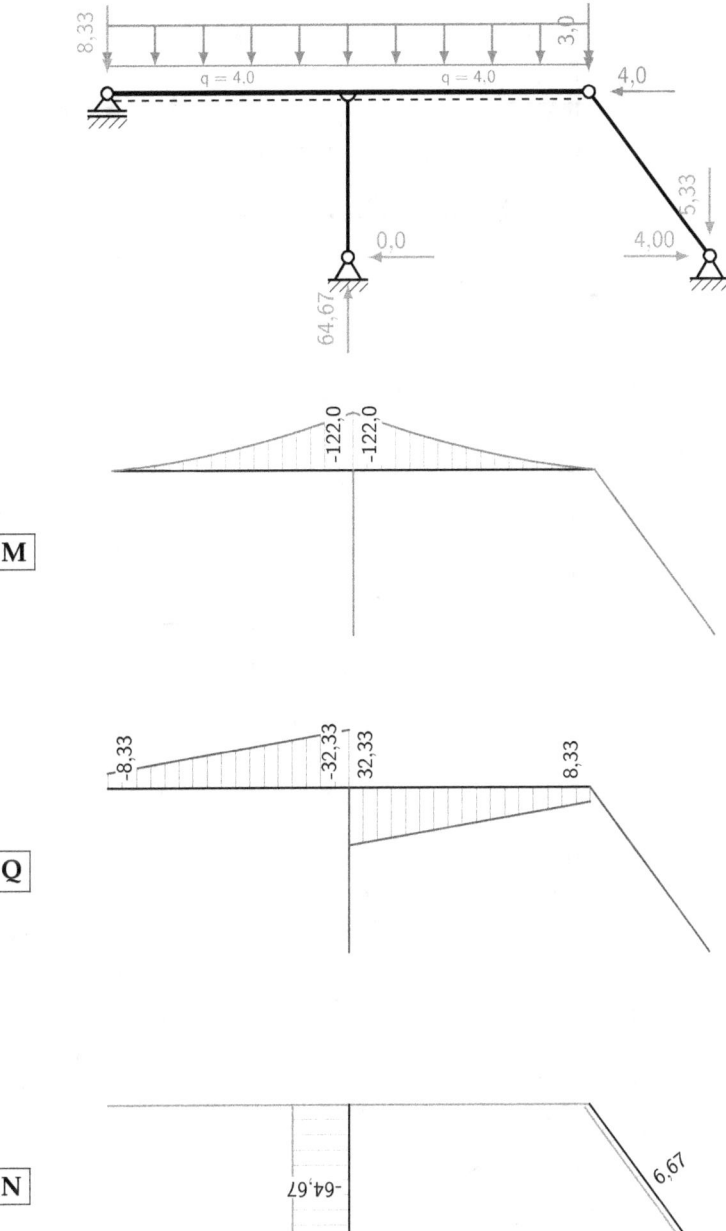

System 049

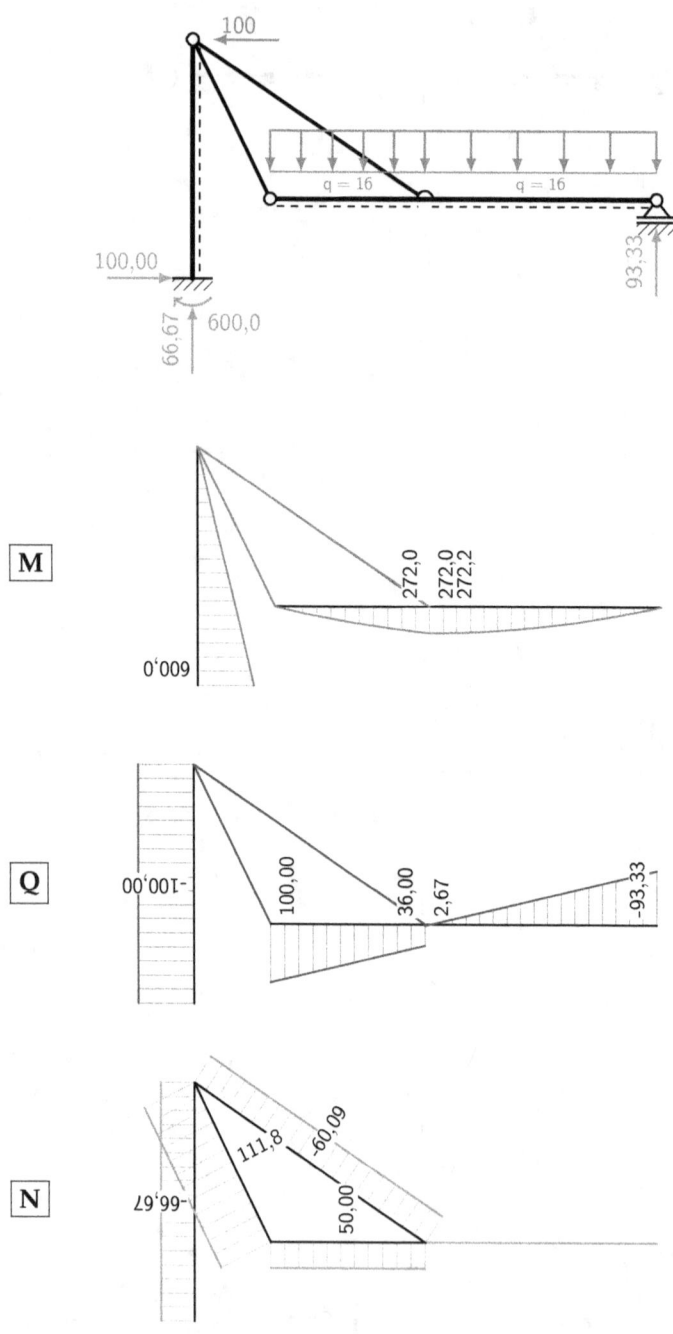

System 050

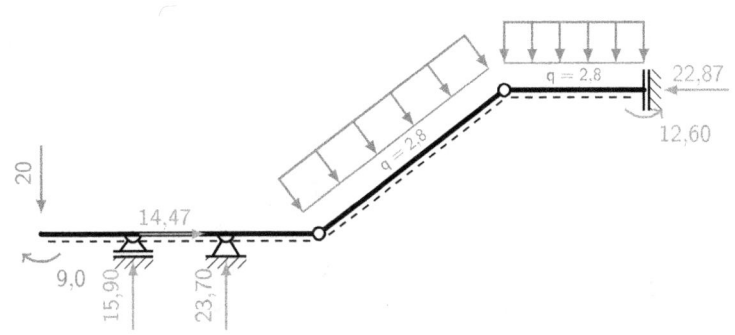

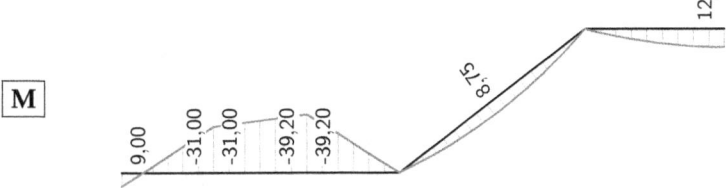

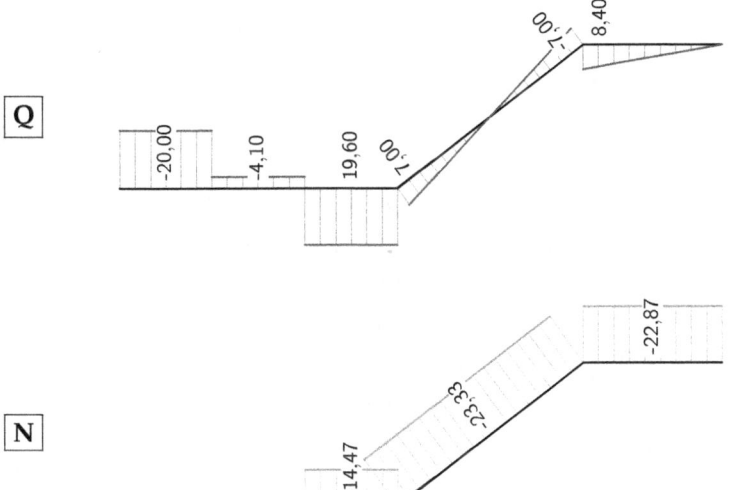